"中蒙俄国际经济走廊多学科联合考察"

丛书出版得到以下项目资助：

科技部科技基础资源调查专项"中蒙俄国际经济走廊多学科联合考察"（2017FY101300）

中国科学院 A 类战略性先导科技专项"泛第三极环境变化与绿色丝绸之路建设"项目"重点地区和重要工程的环境问题与灾害风险防控"课题"中蒙俄经济走廊交通及管线建设的生态环境问题与对策"（XDA20030200）

国家出版基金项目
NATIONAL PUBLICATION FOUNDATION

"十四五"时期国家重点出版物出版专项规划项目

中蒙俄国际经济走廊多学科联合考察

丛书主编 董锁成 孙九林

中蒙俄国际经济走廊地理环境时空格局及变化研究

张树文 于灵雪 黄 玫 白可喻 时忠杰等 著

科学出版社
龙门书局
北京

内 容 简 介

本书系统总结了中蒙俄国际经济走廊地理环境格局与本底的基本状况，包括中蒙俄国际经济走廊地理环境格局与本底科学考察，中蒙俄国际经济走廊生态地理分区，中蒙俄国际经济走廊气候格局变化特征，中蒙俄国际经济走廊地形、土壤、植被格局特征，中蒙俄国际经济走廊土地利用特征与分布格局，中蒙俄国际经济走廊水资源格局特征，中蒙俄国际经济走廊草地资源格局特征，中蒙俄国际经济走廊生态风险评价。本书是在对中蒙俄国际经济走廊开展科学考察的基础上，通过资料搜集和整理、相关数据的综合分析，对该地区地理环境背景状况的系统归纳和总结。

本书可供国土资源和环境保护机构及从事资源、环境、生态、遥感与地理信息系统等科研部门、大专院校相关专业师生借鉴和参考。

审图号：GS 京（2024）2449 号

图书在版编目（CIP）数据

中蒙俄国际经济走廊地理环境时空格局及变化研究 / 张树文等著 .
北京：龙门书局，2024.11. -- （中蒙俄国际经济走廊多学科联合考察 /
董锁成，孙九林主编）. -- ISBN 978-7-5088-6489-1

Ⅰ. X21

中国国家版本馆 CIP 数据核字第 2024EN4546 号

责任编辑：周　杰 / 责任校对：樊雅琼
责任印制：徐晓晨 / 封面设计：黄华斌　无极书装

科 学 出 版 社 出版
北京东黄城根北街 16 号
邮政编码：100717
http://www.sciencep.com
北京中科印刷有限公司印刷
科学出版社发行　各地新华书店经销
*
2024 年 11 月第　一　版　　开本：787×1092　1/16
2024 年 11 月第一次印刷　　印张：17
字数：400 000
定价：238.00 元
（如有印装质量问题，我社负责调换）

《中蒙俄国际经济走廊多学科联合考察》
学术顾问委员会

主　任　孙鸿烈

副主任　欧阳自远　刘　恕

委　员　叶大年　石玉林　李文华　刘嘉麒　郑　度

　　　　刘兴土　方　新　王艳芬　田裕钊　陈　才

　　　　廖小军　毛汉英　叶舜赞

项目专家组

组　长　陈宜瑜

副组长　孙九林

专　家　尹伟伦　秦玉才　葛全胜　王野乔　董锁成

《中蒙俄国际经济走廊多学科联合考察》
丛书编写委员会

《中蒙俄国际经济走廊地理环境时空格局及变化研究》撰写委员会

主　　编　　张树文　于灵雪　黄　玫　白可喻　时忠杰

编写人员（按姓氏笔画排序）

王让虎　王昭生　白舒婷　包玉龙　包玉海

巩　贺　刘廷祥　刘彩玲　李广帅　杨久春

杨云卉　徐大伟　徐书兴　曹晓明　常丽萍

焦　悦　路利杰　颜凤芹

总　序　一

科技部科技基础资源调查专项"中蒙俄国际经济走廊多学科联合考察"项目，经过中蒙俄三国二十多家科研机构百余位科学家历时 5 年的艰辛努力，圆满完成了既定考察任务，形成了一系列科学考察报告和研究论著。

中蒙俄国际经济走廊是"一带一路"首个落地建设的经济走廊，是俄乌冲突爆发后全球地缘政治研究的热点区域，更是我国长期研究不足、资料短缺，亟待开展多学科国际科学考察研究的战略重点区域。因此，该项考察工作及成果集结而成的丛书出版将为我国在该地区的科学数据积累做出重要贡献，为全球变化、绿色"一带一路"等重大科学问题研究提供基础科技支持，对推进中蒙俄国际经济走廊可持续发展具有重要意义。

该项目考察内容包括地理环境、战略性资源、经济社会、城镇化与基础设施等，是一项科学价值大、综合性强、应用前景好的跨国综合科学考察工作。5 年来，项目组先后组织了 15 次大型跨境科学考察，考察面积覆盖俄罗斯、蒙古国 43 个省级行政区及我国东北地区和内蒙古的 920 万 km²，制定了 12 项国际考察标准规范，构建了中蒙俄国际经济走廊自然地理环境本底、主要战略性资源、城市化与基础设施、社会经济与投资环境等领域近 300 个综合数据集和地图集，建立了多学科国际联合考察信息共享网络平台；获 25 项专利；主要成果是形成了《中蒙俄国际经济走廊多学科联合考察》丛书共计 13 本专著，25 份咨询报告被国家有关部门采用。

该项目在国内首次整编完成了统一地理坐标参考和省、地市行政区的 1∶100 万中蒙俄国际经济走廊基础地理底图，建立了中蒙俄国际经济走廊"点、线、带、面"立体式、全要素、多尺度、动态化综合数据集群；全面调查了地理环境本底格局，构建了考察区统一的土地利用／土地覆被分类系统，在国内率先完成了不同比例尺中蒙俄国际经济走廊全区域高精度土地利用／土地覆被一体化地图；深入调查了油气、有色金属、耕地、森林、淡水等战略性资源的储量、分布格局、开发现状及潜力，提出了优先合作重点领域和区域、风险及对策；多尺度调查分析了中蒙俄国际经济走廊考察全区、重点区域和城市、跨境口岸城市化及基础设施空间格局和现状，提出了中蒙俄基础设施合作方向；调查了中蒙俄国际经济走廊经济社会现状，完成了投资环境综合评估，首次开展了中蒙俄国际经济走廊生态经济区划，揭示了中蒙俄国际经济走廊经济社会等要素"五带六区"空间格局及优先战略地位，提出了绿色经济走廊建设模式；与俄蒙共建了中蒙俄

"两站两中心"野外生态实验站和国际合作平台，开创了"站点共建，数据共享，实验示范，密切合作"的跨国科学考察研究模式，开拓了中蒙俄国际科技合作领域，产生了重大的国际影响。

该丛书是一套资料翔实、内容丰富、图文并茂的科学考察成果，入选了"十四五"时期国家重点出版物出版专项规划项目和国家出版基金项目，出版质量高，社会影响大。在国际局势日趋复杂，我国全面建设中国式现代化强国的历史时期，该丛书的出版具有特殊的时代意义。

中国科学院院士

2022 年 10 月

总 序 二

　　"中蒙俄国际经济走廊多学科联合考察"是"十三五"时期科技部启动的跨国科学考察项目,考察区包括中国东北地区、蒙古高原、俄罗斯西伯利亚和远东地区,并延伸到俄罗斯欧洲部分,地域延绵 6000 余千米。该区域生态环境复杂多样,自然资源丰富多彩,自然与人文过程交互作用,对我国资源、环境与经济社会发展具有深刻的影响。

　　项目启动以来,中国、俄罗斯和蒙古国三国科学家系统组织完成了 10 多次大型跨国联合科学考察,考察范围覆盖中俄蒙三国近 50 个省级行政单元,陆上行程近 2 万 km,圆满完成了考察任务。通过实地考察、资料整编、空间信息分析和室内综合分析,制作百余个中蒙俄国际经济走廊综合数据集和地图集,编写考察报告 7 部,发表论著 100 多篇(部),授权 20 多项专利,提出了生态环境保护及风险防控、资源国际合作、城市与基础设施建设、国际投资重点和绿色经济走廊等系列对策,多份重要咨询报告得到国家相关部门采用,取得了丰硕的研究成果,极大地提升了我国在东北亚区域资源环境与可持续发展研究领域的国际地位。该考察研究对于支持我国在全球变化领域创新研究,服务我国与周边国家生态安全和资源环境安全战略决策,促进"一带一路"及中蒙俄国际经济走廊绿色发展,推进我国建立质量更高、更具韧性的开放经济体系具有重要的指导意义。

　　《中蒙俄国际经济走廊多学科联合考察》丛书正是该项目成果的综合集成。参与丛书撰写的作者多为中蒙俄国家科研机构和大学的著名院士、专家及青年骨干,书稿内容科学性、创新性、前瞻性、知识性和可参考性强。该丛书已入选"十四五"时期国家重点出版物出版专项规划项目和国家出版基金项目。

　　该丛书从中蒙俄国际经济走廊不同时空尺度,系统开展了地理环境时空格局演变、战略性资源格局与潜力、城市化与基础设施、社会经济与投资环境,以及资源环境信息系统等科学研究;共建了两个国际野外生态实验站和两个国际合作平台,应用"3S"技术、站点监测、实地调研,以及国际协同创新信息网络平台等技术方法,创新了点—线—面—带国际科学考察技术路线,开创了国际科学考察研究新模式,有力地促进了地理、资源、生态、环境、社会经济及信息等多学科交叉和国内外联合科学考察研究。

在"一带一路"倡议实施和全球地缘环境变化加剧的今天，该丛书的出版非常及时。面对百年未有之大变局，我相信，《中蒙俄国际经济走廊多学科联合考察》丛书的出版，将为读者深入认识俄罗斯和蒙古国、中蒙俄国际经济走廊以及"一带一路"提供更加特别的科学视野。

中国科学院院士

2022 年 10 月

总 序 三

中蒙俄国际经济走廊覆盖的广阔区域是全球气候变化响应最为剧烈、生态环境最为脆弱敏感的地区之一。同时，作为亚欧大陆的重要国际大通道和自然资源高度富集的区域，该走廊也是全球地缘关系最为复杂、经济活动最为活跃、对全球经济发展和地缘安全影响最大的区域之一。开展中蒙俄国际经济走廊综合科学考察，极具科研价值和战略意义。

2017年，科技部启动科技基础资源调查专项"中蒙俄国际经济走廊多学科联合考察"项目。中蒙俄三国20多家科研院校100多位科学家历时5年的艰苦努力，圆满完成了科学考察任务。项目制定了12项项目考察标准和技术规范，建立了131个多学科科学数据集，编绘133个图集，建立了多学科国际联合考察信息共享网络平台并实现了科学家共享，培养了一批国际科学考察人才。项目主要成果形成的《中蒙俄国际经济走廊多学科联合考察》丛书陆续入选"十四五"时期国家重点出版物出版专项规划项目和国家出版基金项目，主要包括《中蒙俄国际经济走廊多学科联合考察综合报告》《中蒙俄国际经济走廊地理环境时空格局及变化研究》《中蒙俄国际经济走廊战略性资源格局与潜力研究》《中蒙俄国际经济走廊社会经济与投资环境研究》《中蒙俄国际经济走廊城市化与基础设施研究》《中蒙俄国际经济走廊多学科联合考察数据编目》等考察报告，《俄罗斯地理》《蒙古国地理》等国别地理，以及《俄罗斯北极地区：地理环境、自然资源与开发战略》等应用类专论等13部。

这套丛书首次从中蒙俄国际经济走廊全区域、"五带六区"、中心城市、国际口岸城市等不同尺度系统地介绍了地理环境时空格局及变化、战略性资源格局与潜力、城市化与基础设施、社会经济与投资环境以及资源环境信息系统等科学考察成果，可为全球变化区域响应及中蒙俄跨境生态环境安全国际合作研究提供基础科学数据支撑，为"一带一路"和中蒙俄国际经济走廊绿色发展提供科学依据，为我国东北振兴与俄罗斯远东开发战略合作提供科学支撑，为"一带一路"和六大国际经济走廊联合科学考察研究探索模式、制定技术标准规范、建立国际协同创新信息网络平台等提供借鉴，对我国资源安全、经济安全、生态安全等重大战略决策和应对全球变化具有重大意义。

这套丛书具有以下鲜明特色：一是中蒙俄国际经济走廊是国家"一带一路"建设的重要着力点，社会关注度极高，但国际经济走廊目前以及未来建设过程中面临着生态环境风险、资源承载力以及可持续发展等诸多重大科学问题，亟须基础科技数据资源支撑研究。中蒙俄科学家首次联合系统开展中蒙俄国际经济走廊科学考察研究成果的发布，具有重要的战略意义和极高的科学价值。二是这套丛书深入介绍的中蒙俄国际经济走廊地理环境、战略性资源、城市化与基础设施、社会经济和投资环境等领域科学考察成果，将为进一步加强我国与俄蒙开展战略资源经贸与产能合作，促进东北振兴和资源型城市转型，以及推动兴边富民提供科学数据基础。三是将促进地理科学、资源科学、生态学、社会经济科学和信息科学等多学科的交叉研究，推动我国多学科国际科学考察理论与方法的创新。四是丛书主体内容中的 25 份咨询报告得到了中央和国家有关部门采用，为中蒙俄国际经济走廊建设提供了重要科技支撑。希望项目组再接再厉，为中国的综合科学考察事业做出更大的贡献！

中国工程院院士

2022 年 10 月

前　言

本书是基于科学技术部 2017 年启动的国家科技基础资源调查专项"中蒙俄国际经济走廊地理环境本底与格局考察"（课题编号 2017FY101301）的研究成果集成。该成果汇聚了中蒙俄三国科学家的智慧与努力，经过五年的多学科综合科学考察，整理数据、分析规律、凝练结论、编撰完成的系统性研究成果。中蒙俄国际经济走廊作为"一带一路"建设的重要组成部分，其地理环境时空格局的研究对于理解这一地区的自然地理环境特征具有深远意义。通过深入研究该地区的地理、经济和文化背景，可以更好地把握三国间合作的基础和潜力，进而推动更为紧密的经济联系和资源共享。

本书所涉及考察区域中蒙俄国际经济走廊总面积约 920 万 km^2，包括中国东北及华北沿边境地区、蒙古国东北部 8 个省、俄罗斯 19 个联邦主体（共和国、州、边疆区、联邦直辖市）。本书依托课题由中国科学院东北地理与农业生态研究所主持，国内主要参加单位包括中国科学院地理科学与资源研究所、中国林业科学研究院生态保护与修复研究所、内蒙古师范大学和中国农业科学院农业资源与农业区划研究所等；国际合作单位包括俄罗斯科学院西伯利亚分院贝加尔自然管理研究所、俄罗斯科学院西伯利亚分院伊尔库茨克地理研究所、俄罗斯科学院远东分院太平洋地理研究所、蒙古科学院地理与地质生态研究所等。

全书共分 8 章，内容包括中蒙俄国际经济走廊地理环境格局与本底科学考察，中蒙俄国际经济走廊生态地理分区，中蒙俄国际经济走廊气候格局变化特征，中蒙俄国际经济走廊地形、土壤、植被格局特征，中蒙俄国际经济走廊土地利用特征与分布格局，中蒙俄国际经济走廊水资源格局特征，中蒙俄国际经济走廊草地资源格局特征，中蒙俄国际经济走廊生态风险评价。张树文和于灵雪负责本书的总体框架设计。第 1 章由张树文、于灵雪、包玉海、颜凤芹、包玉龙执笔，第 2 章由于灵雪、刘廷祥执笔，第 3 章由于灵雪、焦悦、李广帅执笔，第 4 章由刘廷祥、王让虎、白舒婷执笔，第 5 章由于灵雪、常丽萍、杨久春、路利杰、刘彩玲执笔，第 6 章由黄玫、王昭生、巩贺执笔，第 7 章由白可喻、徐大伟、杨云卉执笔，第 8 章由时忠杰、曹晓明、徐书兴执笔。全书由张树文、于灵雪负责统稿，张世奎、焦悦、李广帅、刘彩玲、路利杰等承担了本书相关地图、图表的制作和文字校对工作。

在此，我们向关心、指导、帮助、参与此项研究的所有同行表示最诚挚的谢意。科学出版社相关领导和周杰责任编辑为本书的出版付出了艰辛努力，在此表示衷心感谢！

本书内容涉及多学科门类，涉及专业面广，受专业水平和写作能力所限，难免存在遗漏与不妥之处，望广大同仁不吝指正，以便不断完善。

张树文

2024 年 2 月

目　　录

第1章　中蒙俄国际经济走廊地理环境格局与本底科学考察

中蒙俄是休戚与共的永久邻邦、命运相连的合作伙伴，需要加强"欧亚经济联盟""草原之路"同共建"一带一路"倡议顺畅对接，加快互联互通和中蒙俄国际经济走廊建设，打造更多标志性重点项目，推动三方合作不断迈上新台阶，促进中蒙俄国际经济走廊建设扎实进展。中蒙俄国际经济走廊已成为"一带一路"世界地理、资源、社会经济等研究领域的热点区域。2017年我国科学技术部启动国家科技基础资源调查专项"中蒙俄国际经济走廊多学科联合考察"，旨在系统掌握俄罗斯和蒙古国地理环境、自然资源、基础设施、社会经济发展最新进展，为开展全面跨国合作研究奠定基础。研究项目为"一带一路"和中蒙俄国际经济走廊建设提供了地理背景、生态环境基础与全球变化区域响应及中蒙俄跨境生态环境安全、国际合作研究的基础科学数据支撑。同时，也为项目其他课题提供数据支持。本书是"中蒙俄国际经济走廊地理环境本底与格局考察"研究成果的集成。

1.1　中蒙俄国际经济走廊自然地理特征

中蒙俄国际经济走廊考察区域东西跨经度达到113.92°，南北跨纬度达到24.54°，包括中国东北及华北沿边境地区、蒙古国东北部8个省、俄罗斯19个联邦主体（共和国、州、边疆区、联邦直辖市）。

1.1.1　气候基本特征

中蒙俄国际经济走廊气候主要呈现三大特点：一是季风气候显著，主要由海陆热力质差异或气压带、风带的季节性移动导致盛行风随着季节变化而改变；夏季风从海上吹向陆地，气候较为湿润；冬季风从大陆吹向海洋，气候较为寒冷干燥。二是大陆性气候强，主要表现为冬季寒冷，夏季炎热，春秋短暂，气温年较差大，降水季节差异大。三是以温带大陆性气候为主。此外，由于地形复杂多样，如高山深谷、丘陵平原，往往在较小的水平范围内就可形成不同尺度的气候类型。

中蒙俄国际经济走廊气候类型多种多样。从1982～2018年年平均气温空间分布来看，整个中蒙俄国际经济走廊地区气温表现出明显的纬度地带性。整个研究区南北年平均气温差约30℃，差异非常显著。中国内蒙古西部，年平均气温达到10℃以上，是中蒙俄国际经济走廊年平均气温最高的地区。在俄罗斯外贝加尔边疆区和布里亚特共和国年平均气温降低到−10℃以下。在俄罗斯远东山地区和蒙古国北部少数几个盟，等温线大致与纬线平行，年平均气温在0℃以下。

从1982～2018年年降水量空间分布来看，中蒙俄国际经济走廊地区降水表现出明显的从沿海向内陆递减的规律。整个研究区低值区与高值区年降水量相差 700mm 以上，差异非常显著。中国的内蒙古自治区西部以及蒙古国的南戈壁省与东戈壁省等区域年降水量不足 100mm，是中蒙俄国际经济走廊年降水量最少的地区。在俄罗斯哈卡斯共和国西部、克麦罗沃州东南部、克拉斯诺亚尔斯克边疆区南部、阿尔泰边疆区南部以及布里亚特共和国西南部地区年降水量大于 800mm。而在太平洋沿岸的中国辽宁省和吉林省东部地区以及俄罗斯的沿海边疆区、哈巴罗夫斯克边疆区东部地区降水量可达 800mm 以上。

1.1.2　地形基本特征

中蒙俄国际经济走廊低海拔（低于海拔 1000m）区域面积占中蒙俄经济走廊总面积的 74.76%，其中 200m 以下区域的面积最大，占比达到 32.59%，集中分布在中国和俄罗斯地势平坦的平原地区。低海拔区域主要分布在中蒙俄经济走廊的西部和东部地区，包括中国境内的黑龙江、吉林和辽宁等省份，以及俄罗斯境内的贝加尔湖以西、外贝加尔边疆区以东的部分地区，蒙古国的东方省也以低海拔为主。中海拔区域面积占中蒙俄经济走廊总面积的 25.21%，主要分布在中国境内的内蒙古自治区南部，俄罗斯境内的图瓦共和国和布里亚特共和国，以及蒙古国境内的绝大多数地区。高海拔区域面积仅占中蒙俄经济走廊总面积的 0.03%，呈零星分布。

中蒙俄国际经济走廊坡度中平坡地（0°~2°）面积占中蒙俄经济走廊总面积的 51.37%，集中分布在东北平原和西西伯利亚平原；较平坡地（2°~5°）面积占 19.56%；缓坡地（5°~15°）面积占 20.90%，分布比较广泛；陡坡地主要分布在南西伯利亚山地和远东山地。

1.1.3　土壤基本特征

按照联合国粮食及农业组织（Food and Agriculture Organization of the United Nations, FAO）世界土壤单元的分类，中蒙俄国际经济走廊北部俄罗斯境内自东向西主要土壤类型为不饱和雏形土、铁质灰壤和饱和灰化土；中蒙俄国际经济走廊中部从俄罗斯的铁质灰壤分布区向南，经过蒙古国的山地黑土、棕壤、沙漠棕灰土，一直到中国境内的钙积土和栗钙土；中蒙俄国际经济走廊中国境内钙积土和栗钙土以西的干旱区则有钙积石膏土和砂性土分布，向东则延伸到中国东北平原的黑钙土和黑土，以及山地中的高活性淋溶土。除了这些主要土壤类型以外，各区域还夹杂其他复杂成土环境下发育的多种非地带性土壤。

1.1.4　水文基本特征

中蒙俄国际经济走廊地区的俄罗斯部分地表水资源量最为丰富，拥有勒拿河、叶尼塞河、鄂毕河和伏尔加河等大型河流，以及世界第一大淡水湖——贝加尔湖。蒙古国境内多发育内流河和内流湖，河流径流季节变化显著，夏季为汛期，冬季会出现断流或冻结。发源于蒙古国库苏古尔湖以南的色楞格河向北流入俄罗斯，并最终注入贝加尔湖，而发源于肯特山东麓的克鲁伦河，向东流入我国呼伦湖。我国东北三省及内蒙古自治区东部地区的地表水资源主要来自夏季降水，6~9月的累积降水量占全年总量的 55%~

74%，河流径流具有明显的丰、枯期变化和年际变化，主要河流包括辽河和横跨中蒙俄三国的亚洲大河——黑龙江（阿穆尔河）。

1.1.5　土地利用基本特征

从统计结果来看，中蒙俄国际经济走廊生态地理区域林地面积有 323 万 km²，占区域土地面积的 46.42%；草地面积为 162.64 万 km²，占区域土地面积的 23.34%；未利用土地面积为 109.53 万 km²，占全区域土地面积的 15.72%；耕地面积为 79.36 万 km²，占全区域土地面积的 11.39%。可见，中蒙俄国际经济走廊生态地理区域土地利用/覆被总体特征以林地为主，其次是草地、未利用土地和耕地。其中，俄罗斯平原、西西伯利亚平原、中西伯利亚高原、俄罗斯远东地区土地利用/覆被以林地为主，且林地面积所占的比例远远大于其他类型土地面积所占的比例，分别为 68.40%、56.14%、58.03%、70.50%；而中国东北三省及内蒙古自治区耕地、草地、林地分布均衡，占比分别为 23.91%、27.78%、26.50%；蒙古国东部地区与其他地区土地类型分布有所不同，草地面积所占的比例远远大于其他类型土地面积所占的比例，草地面积占比达到 54.41%，其次是未利用土地，占比为 36.95%。

1.2　中蒙俄国际经济走廊地理环境格局与本底科学考察框架设计和主要考察成果

本次科学考察任务分解为五个专题，其中第一专题负责俄罗斯地理环境和土地利用/覆被调查，第二专题负责考察区水系水资源调查，第三专题负责考察区生态风险调查，第四专题负责蒙古国地理环境和土地利用/覆被调查，第五专题负责考察区草地资源调查。第一专题和第四专题是根据参与单位的研究积累，将考察区按照国别进行了分解，由中国科学院东北地理与农业生态研究所负责俄罗斯部分，内蒙古师范大学负责蒙古国的部分。第二、第三、第五课题分别考察水资源、生态风险和草地资源，调查基础地理环境特征的几个重要组成部分。

1.2.1　科学考察思路与框架

本次考察工作主要通过布设样点、剖面、样带，沿中蒙俄国际经济走廊的重点城市、重要河流水系、重点公路、铁路沿线实地采集、调查与收集地理位置、地势、气象、水系、土壤、植被等地理环境本底数据，以及土地利用/覆被及生态安全问题相关的数据和资料。在此基础上，将上述野外数据和调查的其他多源地理信息时空数据辅以遥感影像进行空间展布与集成，形成中蒙俄国际经济走廊全区、"五带六区"和重点城市（国际口岸区）三个尺度的自然地理环境要素数据集。总体框架如图 1-1 所示。

1.2.2　主要考察与研究内容和目标

本书主要研究内容包括以下几方面。

（1）全区地理环境要素调查

建立中蒙俄国际经济走廊全区域的地理环境背景要素数据集，包括气象要素数据

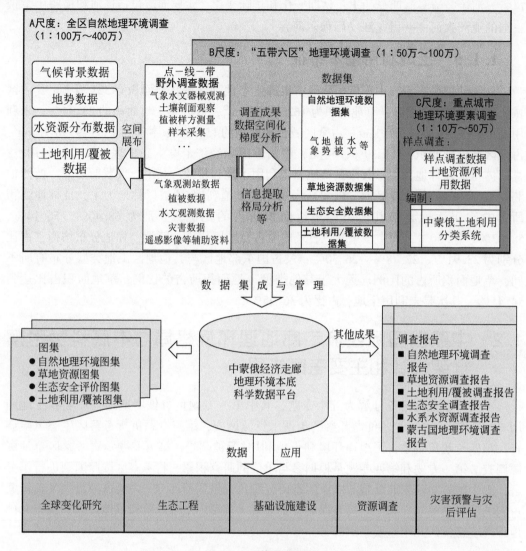

图 1-1　总体研究框架

集、基于 90m SRTM 的 DEM 数据、基于流域调查的水系数据，以及基于实地调查和遥感数据的土地利用/覆被数据集等。

（2）国际经济走廊"五带六区"自然地理环境要素调查

1）自然地理环境要素调查。主要包括"五带六区"的气象要素调查、地势特征调查、水系与水资源调查以及植被调查，形成相应的数据集。

2）土地利用/覆被调查。对"五带六区"调查区域土地资源分布进行实地调查，包括主要土地利用类型的空间分布、农牧业土地利用方式、开发利用程度、土地质量、土地管理措施、土地后备资源等。同时基于 Landsat 8、中巴资源卫星等遥感数据和地形图等相关辅助资料，结合野外实地的样点调查和 2010 年以来积累的考察数据，在谷歌地图（Google Earth）和高分辨率遥感影像集的辅助下，形成 2015～2018 年一期 1：50 万土地利用/覆被数据。

3）草地资源与生态调查。基于卫星遥感数据，结合无人机典型调查和草地样方实地调查验证，基于历史对比分析，调查中蒙俄草原利用状况；借助地面调查和遥感技术，获取 2015~2018 年一期 1:100 万~1:400 万、重点地区 1:50 万草地利用类型图和退化现状图。

4）对经济走廊"五带六区"进行生态安全评价调查和生态风险评估（其中需要进行生态安全分区），以分析中蒙俄国际经济走廊人地系统的脆弱性特征。对该区域进行生态安全实地调查，并在实地调查的基础上，结合历史统计数据与遥感影像，构建生态安全评价数据集，调查生态安全分区基础数据；综合评估中蒙俄国际经济走廊建设的生态风险，提出应对战略。

（3）重点城市和口岸区自然地理环境要素调查

1）对重点城市及其周边进行野外样点数据的采集。采集的数据包括经纬度、地貌、气象要素、水文要素、土壤剖面、土地利用/覆被、植被类型与结构等，形成样点数据集。

2）编制适用于中蒙俄国际经济走廊地区的土地利用现状分类系统，基于中高分辨率 Landsat 8、SPOT、北京一号等影像数据形成重点城市 2015~2018 年一期土地利用数据，包括符拉迪沃斯托克（海参崴）、哈巴罗夫斯克（伯力）、赤塔、伊尔库茨克、新西伯利亚和乌兰巴托等城市，其比例尺为 1:10 万。

本研究从中蒙俄国际经济走廊全区、"五带六区"重点区和重点城市三个空间尺度，通过空间抽样方法布设样点和样带，对气象条件、地貌格局、土壤、水资源分布等自然地理环境各要素，以及重点区草地资源、土地利用/覆盖、生态安全问题进行实地采样和调查，并收集相关资料，进而辅以多源遥感影像，形成多时空尺度自然地理环境要素数据集、草地资源数据集、土地利用/覆被数据集、生态安全评价数据集、专题地图和调查报告，为全面系统直观地揭示中蒙俄国际经济走廊自然地理环境的现状格局与历史变化情况提供翔实的数据基础，综合评估中蒙俄国际经济走廊地区生态环境安全与风险，提出应对策略，深化对中蒙俄国际经济走廊的理解和认知。

1.2.3　本书主要研究成果组织

本书共 8 章，第 1 章是关于中蒙俄国际经济走廊地理环境时空格局及变化研究的综述。第 2 章主要是从中蒙俄国际经济走廊在生态地理分区视角，由北向南依次可以划分为五大生态地理分区：苔原带—亚寒带针叶林带（泰加林带）—温带草原带—温带混交林带—温带荒漠带。由于各区所处的地理纬度、地形地貌和气候特征差异显著，分别阐述生态地理分区发育了不同的生态系统，以及形成了不同的生态地理特征。第 3 章主要阐述中蒙俄国际经济走廊气候格局变化特征。由于中蒙俄国际经济走廊横跨欧亚大陆，东西跨经度超过 110°，南北跨度近 25°，以及在地形起伏等综合影响下，中蒙俄国际经济走廊气候特征复杂多样。我们尽力收集和整编中蒙俄国际经济走廊 1982~2018 年气温、降水等气候要素时间序列数据，对其平均值、最大值、最小值、变化倾向率等特征量进行统计分析，进而得到中蒙俄国际经济走廊的气候基本特征、气温与降水空间分布格局及气温和降水变化趋势。第 4 章就中蒙俄国际经济走廊的地形、土壤、植被的格局与特征进行分析，分别描述了地形格局按照海拔、坡度、起伏度及坡向的不同分级情况，土壤与植被类型及空间分布状况。第 5 章中蒙俄国际经济走廊土地利用特征与分布格局研究的土地覆被分类系统结合国际地圈生物圈计划（International Geosphere-Biosphere Programme，IGBP）分类系统和国家地球系统科学数据中心共享平台土地覆被分类系统，形成了跨国跨地区跨尺度的土地利用/覆被分类系统。基于中蒙俄国际经济走廊土地利用/覆被分类系统，采用人机交互解译的方法得到考察区 1∶50 万土地利用/覆被数据集，阐述和分析了中蒙俄国际经济走廊土地利用/覆被格局与特征、数量结构特征和空间格局。第 6 章阐述中蒙俄国际经济走廊水资源格局特征，分别介绍了中蒙俄国际经济走廊水资源与水系野外科学考察与取样，从中蒙俄国际经济走廊全区尺度和重点区尺度范围分析水系与水资源空间格局。第 7 章中蒙俄国际经济走廊草地资源格局特征，通过收集中蒙俄国际经济走廊中国部分、蒙古国部分、俄罗斯部分的行政区划、地形图、地貌图等基础数据，开展了中蒙俄草原之路经济走廊的资源情况的综合考察，利用卫星遥感信息提取等技术手段，制作了 2016 年全区和重点草原区不同尺度草地资源图；利用植被指数等指标进行动态分析，对比分析探讨了 2006～2016 年草地资源的总体变化趋势。对中蒙俄国际经济走廊各国草地资源情况、成因和政策进行了分析。第 8 章中蒙俄国际经济走廊生态风险评价，中蒙俄国际经济走廊地区地理环境复杂多样，生态环境脆弱，干旱、森林与草原火灾、雪灾、土地荒漠化及沙尘暴等生态灾害频发，对中蒙俄国际经济走廊地区的经济、社会、交通等的发展产生不利影响。本章对中蒙俄国际经济走廊地区的干旱、荒漠化与沙尘暴、雪灾等生态灾害风险进行了分析，并选择蒙古高原和中蒙俄三国跨境地区为典型地区，对其干旱与野火灾害的发生风险进行了分析研究，以期了解其生态灾害风险发生的时空格局与演变。

第2章 中蒙俄国际经济走廊生态地理分区

中蒙俄国际经济走廊是联通中蒙俄三国及欧亚的核心走廊（董锁成等，2021），包括中国西北干旱区、中国东部季风区和蒙俄寒冷干旱区（吴绍洪等，2018）。中蒙俄国际经济走廊在生态地理分区上，由北向南依次可以划分为五大生态地理分区（图2-1）：亚寒带针叶林带（泰加林带）—高山苔原带—温带草原带—温带混交林带—温带荒漠带。各生态地理分区由于所处的地理纬度、地形地貌和气候特征差异显著，从而发育了不同的生态系统，形成了不同的生态地理特征。

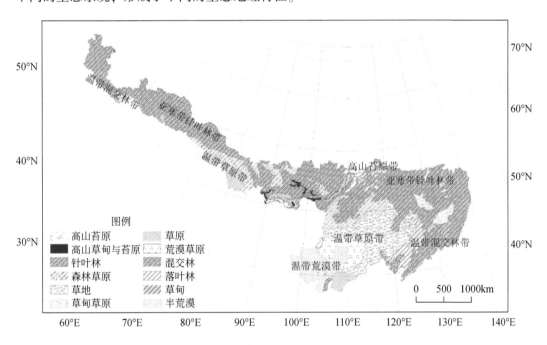

图 2-1 考察区生态地理分区

2.1 苔原带

苔原也叫冻原，主要指北极圈内以及温带、寒温带的高山树木线以上的一种以苔藓、地衣、多年生草类和耐寒小灌木构成的植被带，是生长在寒冷的多年冻土上的生物群落。苔原带的主要气候和土壤性状具有以下特点。

1）冬季漫长而严寒，夏季短促而凉爽。最暖月的平均气温一般不超过10℃，最低气温可达-55℃。植物的生长季仅2~3个月。

2）年降水量为 200~300mm，主要集中在夏半年。由于蒸发量小，气候本身并不干旱。

3）夏季白昼很长，黑夜很短。

4）风大，冬季的风速可达 30m/s。

5）土壤在一定深度有永冻层。即使在夏季，土壤仅表层冻土融化，且易引起土壤的沼泽化。植被在这样的土壤上生长常常由于低温而导致生理干旱。

中蒙俄国际经济走廊的苔原带位于研究区最北端，主要为高山苔原。高山苔原是极地苔原植被在寒温带、温带山地的类似物，是高海拔寒冷湿润气候与寒冻土壤生境的植被类型。高山苔原分布在山地垂直带的上部，向上则过渡到高山亚冰雪带或冰雪带。高山苔原在 50°N~78°N 均有分布，北接北冰洋，南端延伸至泰加林边缘。在泰加林分布区内也有高山苔原分布，如跨贝加尔湖荒山苔原和萨彦岭草甸与苔原等，总面积达到 17.961 万 km^2。苔原总面积占中蒙俄国际经济走廊地区总面积的 2.6%。

此外，在中国境内也发育部分高山苔原，主要分布在东北地区的长白山的高山带。上述地区全年气温很低，相对湿度较大，植被生长期很短，如长白山高山带年平均气温在 -5℃ 以下，夏季最热月（7 月）平均气温也不超过 10℃，在阴坡低洼处尚存有残余积雪。植物生长期为 70~75 天。风力常在 9~10 级，乔木难以生长。苔原植被是由耐寒小灌木、多年生草类、藓类构成的低矮植被，其中苔藓类和地衣类较发达（张新时，2007）。

苔原带气候常年严寒，冬季漫长多暴风雪，夏季短促，长昼长夜，热量不足，年净辐射仅 15~20kcal[①]/cm^2，其南界与森林北界大致吻合。苔原气候带东西延伸，在大陆边缘南北宽窄不等。由于陆地轮廓、地形和沿岸洋流影响，苔原带南界与纬度带有显著偏差，其南界可达 60°N，东北部因寒流逼近，地形多山，海拔较高，其中东西伯利亚夏季较暖，7 月 10℃ 等温线向北凸出，使大陆苔原气候变窄。在西西伯利亚，苔原带气候南界与北极圈一致，由于泰梅尔半岛向北延伸，大陆苔原气候北伸较远。苔原带因受到极地大陆气团和北极气团共同影响，冬季严寒达 8 个月以上，各月均有霜冻，极端气温达到 -45℃ 左右。夏季短促，最暖月平均气温也在 10℃ 以下。苔原带北邻北冰洋，多云雾，蒸散作用微弱，空气绝对湿度很小，但相对湿度很大，接近该气温条件下空气水汽饱和值，年降水量多在 100~250mm，且多为降雪。由于多吹东北风，风速常达 16~40m/s，积雪层薄，仅 25~50cm，雪被不均匀，永冻层深厚。苔原带还是亚洲大陆昼夜长短变化最大的地区，冬季极夜，夏季极昼。

苔原带土壤属于冰沼土，以泥炭质潜育土、泥炭沼泽土分布最广。化学风化和生物学过程极其缓慢，处于原始土壤形成阶段，冻土深厚，地表过湿，雪被较薄，特别是频繁的大风对植物生长不利。一年中仅有 2~3 个月的生长期，暖季土壤的活跃层不过几十厘米厚，使得苔原地区植被以地衣、苔藓为主，仅南部有矮小灌木和小树，它们植株低矮成坐垫状。在最南部的森林苔原亚带，有白桦、云松和落叶松等发育不良的树木，树木生长缓慢，细瘦弯曲矮小畸形，树冠呈旗状。因根系浅，树木歪斜成"醉林"景

---

① 1kcal=4186.8J。

观。一些植物保持绿色过冬和果实后熟现象。

苔原带严酷的环境条件，往往导致植被生理性干旱，不易生长，植被种类仅有 100 ~ 200 种。植被群落结构简单无层次，形成以苔藓和地衣占优势的、无林的苔原带，其他植被种类如莎草科、禾本科、毛茛科、十字花科的多年生草本植物，以及杨柳科、蔷薇科与桦木科的矮小灌木也有分布。由于要经得住严寒、强风、低日照辐射、贫瘠冻土等严峻条件的考验，苔原植物对恶劣环境有很多特殊的适应性。这里的植被多数为常绿多年生长日照植物，这样可以充分利用短暂的营养期，而不必费时生长新叶和完成整个生命周期。但短暂的营养期使苔原植物生长非常缓慢，如极地柳一年仅能生长 1 ~ 5mm。苔原带多年冻土阻挡了植物向土壤深处扎根，浅的根系也使植物不可能在狂风下向高处生长，因此苔原植物非常矮小，常匍匐生长或长成坐垫状，既可以防风又可以保持温度。很多苔原植物有华丽的花朵，并可以在开花期忍受寒冷，花和果实甚至可以忍受被冻结而在解冻后继续发育。因此，苔原带生态系统的典型特征如下。

（1）种类组成贫乏

植物种的数目通常为 100 ~ 200 种，较南部地区为 400 ~ 500 种。代表性的科为杨柳科、莎草科、禾本科、毛茛科、十字花科和蔷薇科。

（2）群落结构简单

苔原植被群落层次少且不明显，在一般情况下可分出 1 ~ 2 层，最多不超过 3 层，即小灌木和矮灌木层、草本层、藓类和地衣层。其中，苔藓类和地衣在群落中起着特殊的作用，灌木和草本植物的根、根状茎、茎的基部以及更新芽都隐藏在藓类和地衣层中，并受到保护。

（3）发育了适应寒带气候的典型特征

1）通常为多年生，极少为一年生植物。因为生长期很短，植物来不及完成整个发育周期。

2）多数为常绿植物，这些植物在春季可以很快地进行光合作用，不必耗时形成新叶。

3）适应低温、风大的特点，多数植物矮生，许多植物贴地面生长。

4）在大多数情况下，植物的根分布在比较不寒冷的土壤表层。

5）以长日照植物为主。

6）为了克服夏季短暂的现象，一些植物在夏季（暖季）到来以前就形成花芽，暖季一开始就进入开花期。尽管冬季气温低到-30℃，芽和叶子在雪被下可以安全过冬。

7）由于土壤中氮素缺乏，一些植物具有固氮功能，如仙女木（*Dryas octopetala*）可以使土壤中氮元素的含量提高 10 倍以上。

此外，苔原带生境对动物的生存极其不利，因苔原带全年皆冷，气温很低，风力强劲，雪被深厚坚实，植被稀疏贫乏，动物食物条件很差；又因景观开阔，动物缺少天然庇护所。苔原带土壤为冰沼土，且多年冻土层很厚。在这种严酷的生境条件下，苔原地带动物群、种类成分组成单一且特殊，夏候鸟多，以鸟类和种子为食的啮齿类极少，无两栖类和爬行类，昆虫种类也很少。动物群季节变化明显，许多鸟兽冬季南迁至针叶林等较暖地带过冬。动物无冬眠现象。为适应环境，这里的动物躯体结构和生活方式特殊，动物耐寒能力很强，皮下脂肪厚，体毛绒密而长，宽蹄锐爪，便于扒雪寻食，具有杂食性，毛色季节变换。

2.2 亚寒带针叶林带（泰加林带）

泰加林（taiga）一词最初来自俄语，指极地附近与苔原南缘接壤的针叶林地带。现在这一术语泛指寒温带的北方森林（boreal forest）。在北半球的寒温带，泰加林遍布北美和欧亚大陆北部，形成浩渺无垠的茫茫林海，构成了世界上最大的森林生态系统。在北美，这一地带分布最多的树种是白云杉（Picea glauca）、黑云杉（Picea mariana），到东西伯利亚，云杉林已完全消失，取而代之的是兴安落叶松（Larix gmelinii）。在我国，作为北方针叶林的南延部分仅分布于大兴安岭的北部，是世界北方林的重要组成部分。

亚寒带针叶林带（泰加林带）主要分布在寒带苔原带以南，温带草原带以北地区，35°N~70°N 均有分布，在俄罗斯、蒙古国、中国均有大范围分布，典型的代表如西西伯利亚泰加林（56°N~62°N）、斯堪的纳维亚和俄罗斯泰加林（56°N~61.5°N）、东西伯利亚泰加林（51°N~58.5°N）、鄂霍次克泰加林（45.5°N~56°N）、大兴安岭-阿穆尔州针叶林（46.5°N~55°N）、跨贝加尔湖针叶林（48°N~55.5°N）、萨彦岭山地针叶林（49.5°N~57°N）等，这些地区泰加林面积均在 20 万 km² 以上。中蒙俄国际经济走廊地区泰加林的分布总面积达到了 287 万 km² 以上，为中蒙俄国际经济走廊地区分布最为广泛的生态系统类型，呈宽阔的带状东西伸展。

亚寒带针叶林带（泰加林带）气候北界为夏季最热月 10℃ 等温线（即苔原带南界），南界大致以年平均气温 4℃ 等温线为界，在西部约与纬线平行，在东部则沿蒙古高原北部山脉，从贝加尔湖南侧向东北沿斯塔诺夫山脉（外兴安岭）而达鄂霍次克海岸。亚寒带针叶林带（泰加林带）属于大陆性冷湿气候，受极地海洋气团和极地大陆气团的共同影响。这里是极地大陆气团产生的源地，冬季黑夜时间长，正午太阳高度角小，又有积雪覆盖，地面辐射冷却剧烈，受海洋气团调节较弱。冬季常受极地大陆气团侵入，暖季有时受热带大陆气团侵入。冬季由于极地高压扩张，北冰洋气团可经常侵入，气候严寒，冬季持续 6~8 个月，月平均气温在 0℃ 以下，最冷月平均气温在 -30~-15℃。夏季气温上升，月平均气温在 10℃ 以上，7 月平均气温一般在 10~12℃，南部可达 20℃，个别日最高气温在 30~35℃。全年仅有寒暖两季，暖夏过后就入寒冬。本区严冬虽比其他同纬度地区寒冷很多，但暖夏气温却相差无几。全年降水量 300~600mm，主要集中于夏季。降水量少是因为本区气温低，空气中水汽含量不多，但这里蒸发弱，所以仍属于湿润气候。降水集中于夏季是因为夏季温度较高，空气中水汽含量较多，有气旋雨和对流雨；冬季温度低，水汽含量小，又受下沉的大陆反气旋控制，所以冬季降水少。尽管本区冷季降雪量与冬季积雪量相差无几，但由于东部夏季的降水量通常大于冬季的降雪量，导致从西向东，冬季积雪的厚度逐渐减小（即由于东部夏季降水量较大影响了冬季积雪的分布）。亚寒带气候带的东西差异也很明显。俄罗斯远东地区和中国黑龙江北部气候受到季风环流的影响，年降水量一般为 500~700mm，雪被厚度只有 10~20cm。

亚寒带针叶林带（泰加林带）因气候寒冷而且地面阴湿，有机质不能很好地分解，枯枝落叶产生酸类，使土壤发生灰化作用，成为森林灰化土，亦可称为灰壤或者棕色针叶林土。在降水量大于蒸发量的冷湿气候条件下，灰化土的形成以灰化过程发育为基本特征。针叶树的枯枝落叶残体中富含单宁、树脂，处于酸性环境下，细菌不能充分繁殖，有机残体分解主要靠真菌。在真菌作用下，有机物矿质化，释放出各种盐基，同时也产生了有较强酸性的富里酸。由于有机残体成分中盐基含量很少，物质分解缓慢，所以释放出的盐基不足以中和所形成的酸类，土壤溶液中出现了游离的有机酸和一些无机酸，这些酸性溶液在下淋时，进入残落物层以下的矿质土层中，使土壤中代换性盐基淋失，推动灰化过程的进行。表土中有非晶质粉末状二氧化硅析出，形成了白色、片状结构或无结构灰化层。从灰化层下淋的溶液主要成分是游离的有机酸和富里酸的钙、镁、铁、锰等无机盐类，以及铁、铝、硅酸等胶体，下移过程中与越来越丰富的盐基相互作用，由于酸性溶液的中和作用，嫌气性微生物活动使上述各盐类发生凝聚和沉淀作用，形成比较坚实的红褐色或暗棕色的沉淀层，高度发育的沉积层常形成铁盘和黏盘。在灰化土中，单纯的灰化过程是极其少见的。一般情况下，在灰化过程的同时，往往还进行着生草过程、沼泽化过程以及腐殖质化过程。

亚寒带针叶林（泰加林）在我国主要分布在大兴安岭北部，是经过漫长的地史时期和历史时期变迁而来的。古近纪，大兴安岭气候暖热而温润，植被由茂密的暖温带-亚热带落叶阔叶-针叶林组成。但是从渐新世后期开始，气候变冷、干燥，致使本区森林中的亚热带成分大为削弱，松科和草本双子叶植物迅速增加，被温带-暖温带落叶阔叶林取代。第四纪由于冰期和间冰期的作用，气温普遍下降，植被带向低纬、低海拔地区迁移，北部西伯利亚寒温带针叶林沿山地南下，与原地已完善了自己适应新环境能力的部分植物一起丰富了植物区系组成，形成与目前近似的植被。

泰加林最明显的特征之一就是外貌特殊，极易和其他森林类型区别。泰加林另一个典型特征是群落结构极其简单，常由一个或两个树种组成，下层常有一个灌木层、一个草木层和一个苔原层（地衣、苔藓和蕨类植物）。这里生境单调严寒，冬季漫长寒冷，植物生长期很短，乔木几乎都是针叶树种，主要由云杉、银松、冷杉、西伯利亚落叶松等针叶树组成，树叶呈细长针状，有很厚的角质层，为世界重要的用材树种。林下阴湿，苔藓地被层很厚，无藤本及附生植物，少灌丛，森林结构简单，食物链和营养结构也相对简单。

我国泰加林的植被区系为典型东西伯利亚植被区系成分，常见植物有 600 多种，垂直分布明显，属于我国北方寒温带明亮针叶林生态系统。森林植被垂直分布谱中包括三种林分：①亚高山矮曲林，此类型多分布在海拔 1240m 以上的平缓山顶，地面布满石砾，气候严寒干燥，植物种类极为单纯，偃松匍匐生长，还有少量岩高兰、扇叶桦等；②山地寒温性针叶疏林带，此类型以兴安落叶松、岳桦和偃松为建群种，混生有赤杨、扇叶桦、杜香、越橘和红花鹿蹄草等。此类型是该地区的主要林带，林木组成单纯，以兴安落叶松为单优势种，形成兴安落叶松林，其间分布有少量樟子松、云杉、白桦、花楸、岳桦和山杨等树种。

兴安落叶松是该区域的主要建群树种，属于喜光树种，树冠稀疏，透光度大，成林后形成所谓的"明亮针叶林"。兴安落叶松种子具长翅，传播远，萌发力强，林内凋落物层太厚时不利于种子自然更新。通常，兴安落叶松树高 20~30m，胸径 20~30cm，树龄 100~150 年，最高可达 400 年。兴安落叶松生长周期一般分为以下四个阶段：萌动（5月上中旬）—放叶、生长和开花（5月中下旬至6月上旬）—冬芽形成并停止生长（8月下旬至9月上旬）—休眠期（9月中下旬至次年4月下旬）。兴安落叶松树各年结实量波动较大，一般3～5年为一个种子年（蒋延玲，2001）。

亚寒带针叶林带（泰加林带）虽然动物种类较苔原地带明显增多，但仍较贫乏，以耐寒性和广适应性种类占绝对优势。这里包括大部分苔原动物，两栖类和爬行类稀少。动物季节变化也较为明显，许多定居生活的动物在冬季大多冬眠或储存有食物，许多鸟兽也具有季节迁移特点。动物在形态构造和生理上大都具有在雪被上生活的种种适应，与苔原带相似。亚寒带针叶林带（泰加林带）动物群分布的垂直结构表现得比较明显，主要生活在两个层次：地面层和树顶层。大多数哺乳动物和部分鸟类生活在地面层，而树顶层主要栖息各种小鸟、松鼠和紫貂等。土壤层中，大型土壤动物相当贫乏，而蚯蚓、蚁类较多。典型代表动物有松鼠、花鼠、鼯鼠、驼鹿、马鹿、紫貂、狼獾、猞猁、棕熊、松鸡等。亚寒带针叶林带（泰加林带）特有动物有驼鹿、紫貂、狼獾、星鸦、榛鸡和三趾啄木鸟等。此外，亚寒带针叶林带（泰加林带）有些土地现在已被开垦为农田，主要种植麦类及马铃薯等作物。

2.3　温带草原带

温带草原带分布在西伯利亚泰加林以南，呈东西走向，宽度大，这里气候比泰加林带温暖得多，包括中亚北部、西伯利亚西南部及南部、蒙古国的大部，中国的内蒙古、东北中部和北部。温带草原带纬度范围为37.5°N～57.5°N，主要分为五个亚带：森林草原（66.2万km²）、草甸草原（12.4万km²）、荒漠草原（31.5万km²）、草地（84.9万km²）和草原（24.7万km²），总面积达到219.6万km²。典型代表有蒙古国—中国东北草原（39.5°N～52°N）、东戈壁荒漠草原（39.5°N～46.5°N）、达斡尔草原（47°N～53.5°N）面积均在20.0万km²以上，蒙古国—中国东北草原更是达到了82.6万km²。

我国北方温带草原是欧亚大陆草原的东翼，从大兴安岭东麓辽东湾北段向西南经燕山—恒山—吕梁山北段—子午岭—六盘山南段—太白山—崛山北麓—祁连山—阿尔金山至昆仑山北麓一线以北的地区为北方温带草原区。从东向西年降水量由500mm逐步降低到150mm，依次分布的地带性草地类型为草甸草原、典型草原和荒漠草原。我国温带草原区是我国重要的天然草地，辽阔的草原是我国草地畜牧业的重要基地。

温带草原带气候类型为温带大陆性半干旱气候（温带草原气候），是森林到沙漠的过渡地带。本区气候的主要特点是由于地处内陆或因有高山阻挡，失去了海洋湿气的影响，气候呈干旱半干旱状况，土壤水分仅能供草本植物及耐旱作物生长。年降水量多在250～450mm，主要集中在夏季，6～9月降水量占全年的70%～75%，且多为暴雨，降水量变率也较大。蒸发量大于降水量，干燥度在1.5～3.99。气候大陆性强，冬季寒冷，1月平均气温在-20～-5℃，夏季较热，7月平均气温高于20℃。气温的年较差多在36～37℃。

温带草原带土壤为黑钙土和栗钙土。黑钙土中有机质的积累量大于分解量，土层上部有一黑色或灰黑色肥沃的腐殖质层，在此层以下或土壤中下部有一石灰富积的钙积层。黑钙土由腐殖质层、腐殖质过渡层、钙积层和母质层组成。黑钙土的腐殖质表层有机质含量较高，为 4% ~7%，水稳性微团粒结构，土壤呈微碱性，pH 为 7.0 ~8.4，植物养分水平高。中国的黑钙土地区有大面积的农地和辽阔而优质的天然草场，以针茅、羊草、线叶菊、披碱草为代表，草丛高度为 40 ~70cm，覆盖度为 80% ~90%。黑钙土分布区具有发展种植业和林业、牧业的基础与优势，是我国建设防护林的重点地区。中国黑钙土潜在肥力较高，大部分已经开垦，有相当一部分适宜发展粮食和油料作物，主要种植大豆、高粱、玉米、春小麦、甜菜、向日葵等，熟制为一年一熟。黑钙土开垦后由于施肥少，肥力会下降。受气候条件的影响，黑钙土表层的腐殖质含量和腐殖质层的厚度，由北往南，或从东向西，有逐渐减少的趋势；而此层中的石灰含量则逐渐增加，钙积层出现的部位也有所上升。栗钙土是在温带半干旱大陆性季风气候下弱腐殖质化和钙积过程形成的具有较薄的腐殖质层和钙积层的地带性土壤。

栗钙土有较薄的（20 ~30cm）腐殖质层，腐殖质层颜色较淡，有机质含量较低（1% ~4%），1m 内有明显的钙积层，pH 为 7.5 ~9.0。栗钙土分布区的天然植被为干草原，主要是针茅、羊草、隐子草等禾草伴生旱生杂类草、灌木与半灌木（如柠条）；草丛高度为 30 ~50cm，覆盖度为 30% ~50%。栗钙土区年均气温为 –2 ~6℃；降水量为 250 ~450mm；在热量方面只能满足一年一熟短生长期作物。虽然可以农作，但因为降水量少，年际变化大，风险极大，因此，栗钙土区以放牧为主。栗钙土区也是目前中国天然草场中面积最大的优良牧场。

温带草原植被群落主要由多年生丛生禾本科旱生植物组成，植物群落连绵成片。水分的不足使乔木难以立足。杂类草虽然也有出现，但一般处于次要地位。禾本科草类根系扎得较深，并成丛分布形成连续而稠密的草地。典型草原的禾本科草类具有旱生的结构特点：叶片狭窄，有绒毛卷叶，甚至具有蜡质层等。在温带大陆性气候下发育的，以多年生低温旱生丛生禾草植物占优势的草本植物群落为温带草原。植物群以禾本科、豆科和莎草科占优势，其中丛生禾草针茅属最为典型。此外，菊科、藜科和其他杂类草也占有重要地位。草原群落外貌呈暗绿色，植物体高度不大，生活型以地面芽植物为主。草原植物普遍具有旱生结构，如叶面积小，叶片内卷或气孔下陷以减少水分蒸腾，根系发育以便吸收地下水分和抵御强风。植物的地下部分发达，其郁闭程度常超过地上部分。多数植物根系分布较浅，集中在 0 ~30cm 的土层中。草原植物群落具有明显的季节变化，春末夏初一片葱绿，秋初枯黄。群落中建群植物生长、发育的盛季在 6 ~7 月，不少植物的发育节律随降水情况发生变异，以营养繁殖为主。草原植物群分为草甸草原、典型草原（干草原）和荒漠草原。

温带草原带由于缺乏天然隐蔽条件，草原动物群种类一般比森林地带贫乏，但个体数量多，以群居的啮齿类和大型群居的有蹄类最为繁盛，猛禽与小型食肉兽也较多，爬行类和两栖类数量较少。大型有蹄类动物均有迅速奔跑的能力，集群的生活方式以及敏锐的视听觉，如亚洲的黄羊等都具有迅速奔跑能力和敏锐的听力、视力。啮齿类动物具有惊人的挖洞本领，在此尤为繁盛，专营洞穴生活。啮齿类具有很高的繁殖能力，如大量扩增种群个体而洞穴密度加大，草原便遭严重破坏，其结果又造成种群大批死亡和外移。草原食肉动物除狼外，鼬类最为广泛，它们以啮齿类和野兔为食，可起控制作用。鸟类中有利用鼠洞栖息的现象，形成所谓"鸟鼠同穴"，甚至草原上的两栖类、爬行类以及一些昆虫也有住鼠洞的，这是它们对草原生活的适应。许多草原动物具有南迁、冬眠、储藏食物的习性。草原地带降水变率大，致使草本植物丰歉不均，加之气温年、日较差大，自然灾害频繁，草原动物首先是啮齿类动物变化很大。温带草原带典型代表动物有黄羊、高鼻羚羊、野马、黄鼠、旱獭、田鼠、鼠兔、狼等哺乳类，以及云雀、百灵鸟等鸟类。

2.4 温带混交林带

温带混交林带又称夏绿阔叶林带，主要分布于温带草原带和温带荒漠带的东西两端，包括中国东北和华北、东欧平原、俄罗斯阿穆尔州等地区。典型代表有俄罗斯平原混交林（54.5°N~60°N）、中国东北—阿穆尔混交林（39.5°N~53.5°N）、中国东北平原落叶林（38.5°N~48.5°N），面积均在20万km²以上。

温带混交林带冬寒夏热，夏湿冬干，四季分明。冬季受到强大的西伯利亚高压影响，盛行强劲的西北陆风，十分寒冷，1月平均气温达到-20℃，大陆上寒潮频袭，土壤冻结，北部有积雪，但雪被厚度很小。夏季盛行东南海风，从海洋带来大量水汽，形成大量降水，年降水量甚至在2010mm以上，山地东侧迎风坡年降水量可达1000mm以上，平原区年降水量也有500~700mm，而且年降水量的60%~70%集中于夏季，形成雨热同季，这也是温带季风气候的最大特点。夏季气温较高，如7月平均气温多在20~26℃及以上，最高可达39℃，形成植物发育的有利气候条件。因此，温带混交林带森林苍茂，植物种类也较丰富，近1900种，占中国东北植物种类的3/5以上。

温带混交林带受温带季风气候影响，温度较高，降水较多，特别是高温多雨的夏季对植物生长十分有利，植物发育良好，枝叶繁茂，富有灌木、草本植物，阔叶树种类成分较欧洲丰富，有蒙古栎、辽东栎以及槭属、椴属、桦木属、杨属等组成的杂木林。群落的季相变化明显，冬季枝枯叶落，树干光秃，林内明亮。温带混交林带是中国主要的用材林生产基地之一，其代表植被是以红松为主的温带针叶、落叶阔叶混交林，组成中特色植物很多，如红松、沙冷杉、紫杉、长白侧柏等针叶树种以及三花槭、紫花槭、东北槭、水曲柳、山槐、胡桃楸、黄檗、大青杨和香杨等阔叶树。这些树种有些属于古近纪和新近纪植物区系的孑遗种，如红松、水曲柳、黄檗、胡桃楸等，再加上藤本植物山葡萄和五味子等。另外，如人参这样典型的特有植物尚未计算在内，即足以说明该区域植物区系的古老性。这与此区域在地史上曾有过潮湿的始新世亚热带气候并受冰川影响较微弱有关，当然也得益于现代夏季温湿季风作用，使这些始新世的孑遗种能保存下来，并得以生长发育（张新时，2007）。

温带混交林带的土壤主要为棕色森林土、灰棕壤和褐色土。在温带季风气候条件下，成土过程具有明显的黏化过程、淋溶过程和较强盛的生物循环过程。由于棕壤地带暖季较长，温度较高，冬季土壤冻结较浅，黏化作用强烈，盐基成分的生物循环也相当强烈。由于富含盐基的生物残体在分解过程中不断中和土壤中的氢离子，因此土壤呈中性或微酸性反应，盐基饱和度高。灰棕壤土为温带湿润、半湿润季风带的地带性土壤，土地层厚度一般在0~20cm，有机质含量为1.14%。褐色土剖面分异明显，由三个基本层段组成：①腐殖质层，厚10~15cm，呈灰棕色粒状或团块状结构，无石灰反应或弱石灰反应；②黏化层，厚 40 ~ 70cm，褐色，质地黏重而紧实，核块状结构，结构面上常有暗红色胶膜；③钙积层，呈黄棕色，石灰多呈斑状、假菌丝状、结核状。在褐土向棕壤过渡地区，因淋溶作用较强，剖面中无明显的石灰淀积，缺乏钙积层。褐土一般呈中性至微碱性，表层有机质含量多在 3% ~ 5%。褐土依其发育阶段和特征不同，可分为淋溶褐土、普通褐土、碳酸盐褐土。褐土土层较深厚，自然肥力较高，历来是中国的耕作土壤，但其分布地区易受春旱影响，故需发展灌溉。

温带混交林带的动物种类比较少，但个体数量较多，主要为有蹄类、鸟类、啮齿类和一些食肉动物。这里的生境条件要比针叶林地带好，为动物提供了丰富的食物。温带混交林带动物种类比针叶林带丰富得多，种类成分也比较复杂，同种动物的个体数量比热带森林多，有蹄类、食肉类动物比较多，大中型土壤动物也比较丰富，动物的季节性变化非常显著，夏季动物的种类和数量多于冬季。许多动物尤其是鸟类冬季南迁，某些哺乳动物（如熊、獾、刺猬、山鼠和蝙蝠）皆冬眠，全年活动的动物则多有储藏食物的习性。动物活动的昼夜差异表现也较为明显，昼出种类多于夜出种类。

2.5　温带荒漠带

从大西洋沿岸的北非向东经亚洲西部至亚洲中部，分布着世界上最广阔的荒漠，即"亚非荒漠"。中蒙俄国际经济走廊地区温带荒漠带主要分布在温带草原带以南 37°N ~ 45°N 的范围内，类型主要为半荒漠，面积为 40.68 万 km²。

温带荒漠带气压高，气候稳定，风总是从陆地吹向海洋，海上的潮湿空气却进不到陆地上，因此雨量极少，非常干旱。地面上的岩石经风化后形成细小的沙粒，沙粒随风而动，堆积起来，就形成了沙丘，沙丘广布，连片形成浩瀚的沙漠。有些地方岩石风化的速度较慢，形成大片砾石，即荒漠。

温带荒漠带气候属于温带大陆性干旱气候。该区由于多半深处大陆内部，距海遥远且山地阻隔，地形闭塞。湿润的海洋气流难以到达，气候十分干燥而形成了荒漠。降水稀少，年降水量一般在 250mm 以下，气候干旱，气温变化极端，气温年较差和日较差都很大。冬有少量降雪，全年相对日照率高（60% ~ 70%），冬寒夏热，气温变化急剧。温带荒漠带气候可分为干旱、极干旱两大类：干旱类型的年降水量为 150 ~ 200mm；极端干旱类型包括阿拉善西部，年降水量只有 50mm 左右，最低的不足 10mm，甚至有的地方全年无雨（尹林克，1997）。

温带荒漠带的土壤基质主要是戈壁滩上的砾质洪积物。由于化学风化微弱，机械组成粗，成土过程缓慢，一般都具有土层浅薄、发育较差的特点。土体中的各种元素较难迁移，或移动极弱，碳酸钙在土壤表面积聚，石膏和易溶盐类淋洗不深，在浅部积累。土壤的组成与母质近似，有机质含量甚微，地表多砾石，具有龟裂化、漆皮化、砾质化和碳酸盐表聚等特点。由于气候干旱、土壤缺水，土地资源难以利用。

在温带荒漠带严酷的生境条件下，生活着一些适应荒漠环境的特殊动物种类。荒漠动物群种类贫乏，数量极少，且多在接近山麓及河湖附近绿洲水草丰茂之处聚居。荒漠动物亦以啮齿类和有蹄类动物最为繁盛，群聚性种类数量分布的区域性变化比草原大。该区鸟类贫乏，两栖类种类和数量均极少，爬行类较多，特别是蜥蜴类较多。荒漠动物具有很强的挖洞能力和迅速奔跑的能力，并具有与背景砂土一致的保护色。荒漠动物的季相变化不如草原动物明显，不过冬眠现象弱。因此，许多荒漠动物的眼睛和耳阔特别大。荒漠动物还有暂时降低体温以适应高温的习性。不少动物色淡、皮亮，以防强烈日晒。沙漠动物比草原少得多，主要有骆驼、沙漠狐、沙鼠和沙蛇，骆驼是最典型的沙漠动物。不论是体形略大的双峰驼还是个头小一些的单峰驼都可以任意在沙漠里行走，耐渴能力极强。

阿拉善高原半荒漠是该区主要的生态地理类型，位于内蒙古自治区西部，西起马鬃山，东到贺兰山，北接蒙古国，属欧亚大陆腹地、中温带干旱荒漠区，远离海洋，降水稀少，水资源贫乏，为典型温带荒漠地区。大部分海拔在1300m左右，地势由南向北缓倾，地面起伏不大，仅少数山地超过2000m。由于湿润的海洋季风势力鞭长莫及，年降水量均在200mm以下，从东部贺兰山的200mm左右向西递减到黑河下游的50mm左右。干燥度则从4.0左右递增到16.0左右。10℃以上的活动积温约为3500℃，地域差异不大。阿拉善高原水资源以地下水为主，地表水较少，植被以极其稀疏的灌木、半灌木荒漠为主，甚有大片地区几无寸草。水泊、沼泽和草湖主要分布于腾格里沙漠及乌兰布和沙漠中，通称为沙漠湖盆。湖泊中以咸水湖泊居多，多分布于沙漠边缘地带，盛产盐硝碱；淡水湖泊多分布于沙漠腹地，集水面积较小，一般在0.1km²左右。湖畔芦草丛生，是沙漠中的绿洲，但无灌溉之利。

第 3 章 中蒙俄国际经济走廊气候格局变化特征

气候是一种长期的大气条件，对特定地区来说是典型的。气候是大气运动过程和随时间波动的结果。气候知识是基于长期观测的气象要素的统计分析，主要气象要素包括气压、风速和风向、地表热量收支、气温、湿度、云量与大气降水。由于中蒙俄国际经济走廊横跨欧亚大陆，东西跨经度超过110°，南北跨度近25°，以及在地形起伏等综合影响下，中蒙俄国际经济走廊气候特征复杂多样。

3.1 气候的基本特征

中蒙俄国际经济走廊气候主要有三大特点：一是季风气候显著，主要表现为海陆热力性质差异或气压带风带的季节性移动导致盛行风随着季节变化而改变；夏季风从海上吹向陆地，气候较为湿润；冬季风从大陆吹向海洋，气候较为寒冷干燥。二是大陆性气候强，主要表现为冬季寒冷，夏季炎热，春秋短暂，气温年较差大，降水季节差异大。三是以温带大陆性气候为主。此外，由于地形复杂多样，如高山深谷、丘陵平原，往往在较小的水平范围内就可形成不同尺度的气候类型。

3.1.1 考察区中国部分气候的基本特征

考察区中国部分地处欧亚大陆东部，主要气候类型包括温带季风气候与温带草原气候。温带季风气候主要分布于中国黑龙江、吉林、辽宁三省和内蒙古自治区的部分地区（Ye et al.，2001；Wang et al.，2010；Yu et al.，2015），大部分位于中温带，北部少部分地区位于寒温带，南部少部分属于暖温带；从干湿分区来讲，由东向西横跨了湿润、半湿润、半干旱及部分干旱地区。考察区中国部分的温带季风气候属于东亚季风区，气候较为湿润，在热带海洋气团的影响下，降水主要集中于夏季，降水季节性特征较为明显且分布很不均匀，自东向西降水逐渐减少，自南向北降水逐渐减少。东北大部分地区7月降水最多，易出现旱涝灾害，甚至夏季旱灾概率大于涝灾，其中辽宁西部旱涝灾害更为频发（龚强等，2006）。整体上，东北大部分地区冬季漫长、极寒、干燥，夏季短暂、温和、湿润（Yu et al.，2014，2017a），昼夜温差较大（Guan et al.，2020）。长白山位于考察区中国部分的东南部，其迎风坡年降水量可多达1000~1300mm，且由于海拔较高，气温较低，蒸发较少，属于湿润地区。而被群山环绕的东北平原属于半湿润地区。冬季受邻近陆地高压中心影响，冬天漫长而寒冷，多晴天，降水较少。大兴安岭及其周围地区是中国唯一的寒温带，冬季时间长达200天以上。而南部辽东半岛属暖温带，冬季南北温度相差25℃左右。除此之外，该区域冬季不仅温度低，而且低温持续时间长。日最低气温在0℃以下的寒冷日数，辽东半岛南部为120天，大兴安岭地区已超过 230 天。大兴安岭地区低于-30℃的严寒日数多达 80～100 天。夏季盛行风以东南季风为主，日照强烈，昼长夜短，气候较为湿热。夏季南北气温差异较小且短暂。该区域以冷湿的森林和草甸草原景观为主。同时，与之毗邻的小兴安岭地区海拔为 400～1000m，约 80% 的面积被针阔混交林覆盖，其余地区以农田或斑块状农田-森林基质景观为特征（Yu et al., 2017b）。东北地区有中国最大的平原区，从北到南包括三江平原、松嫩平原和辽河平原（Yu et al., 2022）。其中，三江平原主要是冲积低平原、阶地和洪泛平原（Liu et al., 2018, 2019），气候为湿润、半湿润、大陆性季风气候（Song et al., 2014）。年平均降水量和气温分别为 500～650mm、1～4℃（Wang et al., 2006）。自 20 世纪 50 年代以来，三江平原经历了显著的土地利用变化，大面积沼泽地被开垦为农田，近年来，雨养农田多转变为水田（Yan et al., 2018；Mao et al., 2018a, 2018b）。

温带草原气候主要分布于内蒙古自治区中西部地区，由东北向西南斜伸，呈狭长形。内蒙古的温带草原地区所处纬度较高，平均海拔在 1000m 左右，终年受西风带的支配，同时受大陆内部高压控制的时间较长。另外，距海较远，处于夏季风的边缘，海洋气流难以到达本地区，即使到达本地区，带来的水分也不多，并且由于地势较高，以及大兴安岭、阴山山脉的阻挡作用，形成了温带半干旱、干旱季风气候。该区主要的气温特点是：冬季漫长而寒冷，多寒潮天气，多数地区冷季长达 5 个月到半年之久。其中最冷月份在 1 月，该月平均气温从南向北由-10℃递减到-32℃。夏季短暂而温暖，昼夜温差较大，日照充足，多数地区仅有 1～2 个月，部分地区无夏季。最热月份在 7 月，该月平均气温在 16～27℃，最高气温为 36～43℃。气温变化较大，冷暖悬殊甚大。年平均气温为 0～8℃，气温年较差平均在 34～36℃，日较差平均为 12～16℃。每年从 11 月至次年 3 月是 5 个月的严寒期，平均气温在 0℃以下。由于其特殊的地理位置，寒潮可长驱直入，造成大风和严寒天气，有时并伴有沙尘暴或暴雪天气。春季气旋频繁发生，天气多变，时寒时暖，常受晚霜之害。夏季炎热天气时间不长。9 月以后冷空气南下，气温迅速下降，出现秋高气爽的天气。该气候区降水方面的特点是年降水量较少，且分布不均，全年降水多集中在夏季，强度大，变率大。该区域降水的分布规律是从东向西逐渐减少，年总降水量介于 50～450mm。春季地面增温迅速，地表解冻，蒸发旺盛，春旱严重，多大风天气。夏季短促而炎热，降水较为集中，由于到达此地的夏季风势力较弱，季风稍有变化即产生影响，所以雨量年际变化大，严重影响本地区的农牧业生产活动。秋季气温骤降，霜冻往往出现的时间较早，全年太阳辐射量从东北向西南递增。

3.1.2　考察区蒙古国部分气候的基本特征

蒙古国地处中国的北部、俄罗斯联邦的南部，是一个被中俄两国包围的多山的亚洲内陆国家。蒙古国深居欧亚大陆腹地，北面同俄罗斯的西伯利亚为邻，其他三面均与中国接壤。蒙古国境内大部分地区为山地或高原，平均海拔为 1600m。地形以蒙古高原为主。中蒙俄国际经济走廊的蒙古国部分位于蒙古国东部，地形以地势平缓的高地为主；南部是占国土面积 1/3 的戈壁地区。气候属于温带大陆性气候，具有显著的大陆性和干燥性特征，在水文、土壤和植被等方面都表现出极端大陆性干燥高原的特征。

强烈的大陆性体现在气温和天气的剧烈变化上。该区域四季变化明显，冬季较长，并时常伴随有大风及雨雪天气；夏季较短，昼夜温差大，且春、秋两季时间较短。蒙古高原昼夜及季节温差大、寒冷期长。这里冬季长达半年以上，最冷月 1 月平均气温在北部可达−36℃以下，而东南部少数地区可达到−15℃。最热月 7 月平均气温在北部多处于 15~20℃，南部可达 26℃。该区域冬冷夏热，年内气温差异很大，一般为 30~50℃，最大可达 90℃。由于高原地势较高，与欧亚大陆同纬度其他大陆性气候区相比，这里冬冷夏凉，年平均气温也较低，即该区域属于比较冷凉的温带大陆性气候。

气温的冷凉特点以及降水量少且分配不均都更加映衬了考察区蒙古国部分气候的大陆性极为显著。蒙古高原气候的干燥性，主要体现在降水量稀少，远离海洋以及四周环山的地形是主要影响因素。蒙古高原的年降水量处于 200~400mm，从局部来讲，蒙古国南部广布的戈壁地区年降水量低于 200mm，但北部山地年降水量稍多，在 400~600mm。蒙古高原雨量的季节分配很不均衡，年降水量主要集中在 5~9 月（7~9 月最多雨），其余各月降水稀少。由于冬季降雪极其稀少，难以形成连续稳定的雪被。

蒙古高原夏季降水集中的原因不是受到夏季来自太平洋的东南季风的直接影响，而是受到自西向东的气旋活动，由于大兴安岭已是太平洋夏季风的西缘，虽然来自太平洋的海洋气团在夏季能够到达蒙古国东部，但由于路程遥远，水汽丧失，不能构成降水条件。但这时，热带大陆气团和极地西伯利亚气团之间有极锋产生，在来自西部的气流影响下，极锋带内发生气流活动，形成夏季较为集中的降水。由于夏季蒙古气旋活动较弱，且气旋次数的年际变化大，这就使高原上的雨量不仅少，而且变率大。

由于蒙古高原地势较高，寒冷的极地大陆气团长时间盘踞在高原上，使得蒙古高原冬季漫长且严寒、积雪稀少，所以在北部有多年冻土层存在。除南部少数地区外，蒙古高原平均无霜期每年多不足 120 天。通常春霜于 5 月中下旬结束，秋霜始于 9 月上中旬。

蒙古高原气候大陆性和干燥性特征的形成，是众多因素综合作用形成的结果，其中距海遥远、四周环山的地理位置和冬半年蒙古高原上空强大的反气旋系统，是决定蒙古高原气候特征的主要因素。

3.1.3　考察区俄罗斯部分气候的基本特征

中蒙俄国际经济走廊俄罗斯部分主要包括俄罗斯东部和中部靠南边境的市州以及西部的中间市州，共包括 33 个市州和地区。本书将俄罗斯部分的气候划分为三部分进行描述，即以平原为主的东欧平原和西西伯利亚平原地区、以高原山地为主的中西伯利亚高原南部和多山的俄罗斯远东山地区。

东欧平原又称俄罗斯平原，北起巴伦支海，南抵黑海、亚速海、里海和大高加索山脉，西接斯堪的纳维亚山脉、中欧山地、喀尔巴阡山脉，东面以乌拉尔山脉与西西伯利亚平原相隔，面积约为 400 万 km²。而西西伯利亚平原则北濒喀拉海，南接哈萨克丘陵，东侧为中西伯利亚高原，面积约为 300 万 km²。该区域的气候特点为：以温带大陆性气候为主，虽然东欧平原和西西伯利亚平原是两个相邻的平原，但气候状况差异巨大。西西伯利亚平原大陆性气候十分显著，冬季严寒而漫长，夏季温暖而短暂（Yu et al，2017c），冬季最冷月均温在−25~−20℃，极端最冷月均温可达−50℃，而夏季气温一般不超过 20℃，年降水量为 400~500mm。位于乌拉尔山脉以西的东欧平原情况则大不相同，虽然该地区气候类型也是以温带大陆性气候为主，但是与西西伯利亚平原相比，冬季没有那么严寒，年降水量也多一些。东欧平原冬季最冷月平均气温也在0℃以下，气温由西南往东北递减，西南部地区最冷月平均气温在-5℃左右，到东北部地区最冷月平均气温在-20℃左右。东欧平原的降水量中部地区较多，往南北两侧递减，年降水量平均值为600mm左右。东欧平原地区气候比西西伯利亚平原地区更为温和，这也是俄罗斯人口主要分布在东欧平原的原因之一。纬度仅仅是影响两大平原气候差异的一个重要因素，还因为在50°N~70°N的范围内，从气压带风带的角度来看，这里主要受盛行西风带的影响，来自大西洋温暖湿润的西南风，造就了欧洲西部的温带海洋性气候，同时也为东欧平原带来一定的水汽，而位于乌拉尔山脉以东的西西伯利亚平原受西风带的影响就更弱。此外，西西伯利亚平原相对东欧平原而言更为内陆，两个平原的北部都是北冰洋，但是东欧平原离大西洋的距离较近，受海洋的影响更大。

中西伯利亚高原是俄罗斯西伯利亚中部面积最大的高原，南起东萨彦岭、贝加尔湖沿岸和外贝加尔山地，北至北西伯利亚低地，西同西西伯利亚平原、东同中雅库特低地相连。大部分地区位于亚洲大陆的东北方，纬度偏北，地势高亢，西距大西洋遥远，东离太平洋虽较近，但东、南侧都有高山屏障，受海洋影响不大；唯有北方向北冰洋敞开，且大部分地区位于北极圈内。该区域气候特点是大陆性特别强，降水量少，比西西伯利亚气候条件更为恶劣，是极端严酷的大陆性气候。冬季，本区地表剧烈冷却，太阳辐射量很少，平均每年80kcal①/cm²，气压很高，整个区域基本上被北冰洋气团和极地西伯利亚的干冷气团控制。冬季气温很低，极为寒冷，且较为漫长，长6~8个月之久，1月平均气温为-27~-20℃。本区1月平均气温比同纬度其他地区低6~14℃。由于辐射冷却而产生的逆温层可达数公里以上，所以一些山间盆地及谷底更易于出现气温的逆温现象。该区域冬季反气旋发达，气旋活动较少，天气多晴朗，少云，降水量不多，为30~150mm，仅占全年降水量的15%~25%。中西伯利亚高原的夏季气温相对较高，7月平均气温一般在14~16℃，个别地区可超过20℃，日平均气温可达30~35℃。暖季降水量多，占全年降水量的75%~80%。该区域年降水量比西西伯利亚平原少，除了南西伯利亚山地外，年降水量一般在400mm以下。而本研究区主要位于中西伯利亚高原的南部。

俄罗斯远东山地区位于亚洲的东北缘，东濒太平洋及其边缘海，西接东西伯利亚，北邻北冰洋楚科奇海，南以阿穆尔河（黑龙江）和乌苏里江为界。该区域气候的季风特色较鲜明，属于季风性和海洋性气候的结合。季风性是该区域主要的气候特征之一。冬季，该区域处在西伯利亚高压控制之下，盛行干冷的大陆季风，气候寒冷，冬季长达8个月甚至更长，最冷月1月平均气温在-20℃以下，距海远的地区低于-30℃。降水少，冬季3个月降水量仅占年降水量的5%~15%，天气多晴朗少云。而沿海地区及岛屿受冬季大陆季风的影响较弱，1月平均气温高于-20℃。夏季，全区盛行来自太平洋的海洋季风，气温较高。7月平均气温为18~20℃。夏季降水多，夏季3个月的降水量可占全年降水量的60%~70%。但该区域受强台风的影响，台风带来的降水多在8月末和9月初，有时短短几天的降水量可占全月降水量的70%~90%。因此，该区域降水变率很大，在少雨年份，夏季月降水量也可能低于30mm，个别年份甚至滴雨不降。该区

---

① 1cal=4.1868J。

域年降水量多在 400～600mm。本区仍属大陆性气候，但在寒冷程度上逊色于东西伯利亚山地，特别是远比不上"寒极"地区，若与同纬度其他自然地理区相比，仍然寒冷得多。由于冬季寒冷、夏季温暖，所以年较差较大。受海陆相对位置及山地的影响，气候的大陆性自西向东减弱，如滨海地带年较差在 22～35℃，个别地区最热月是 8 月，海洋性特征已相当明显。同时，降水量由沿海向内陆逐渐减少。山地气候的垂直分带性也比较显著。大彼得湾沿岸和兴凯湖地区及沿海岛屿，纬度较低，由于北东向山地的屏障作用，干冷的冬季风对该区域的影响较弱，同时受海洋影响显著，降水丰沛，冬季温和，夏季凉爽，气候宜人，是本区气候条件最好的地区。中蒙俄国际经济走廊主要包括俄罗斯远东山地区的南部。

3.2　气候变化分析方法

中蒙俄国际经济走廊气象数据共包括三部分：中国部分的气象站点数据来自国家气象科学数据中心所提供的中国地面气候资料年值数据集（孙葭等，2015），选取 119 个地面气象站点；俄罗斯部分的气象站点数据来自美国国家海洋和大气管理局（National Oceanic and Atmospheric Administration，NOAA）提供的每日观测数据（Zhu et al.，2021），选取 178 个地面气象站点；蒙古国部分的气象站点数据来自蒙古科学院（Mongolian Academy of Sciences），选取 29 个地面气象站点，共 326 个地面气象站点。各气象站点的主要气象要素指标包括日平均气温、日最高气温、日最低气温、日降水量、日平均风速、日最大风速等（焦悦等，2022；李广帅等，2022）。气象站点分布如图 3-1 所示。

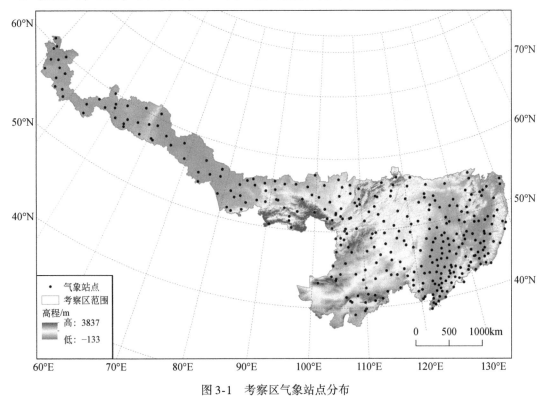

图 3-1　考察区气象站点分布

随着人类活动对环境影响的日益加剧，气候变暖已经成为最为典型的全球性环境问题。根据联合国政府间气候变化专门委员会（Intergovernmental Panel on Climate Change, IPCC）第六次报告，自 1970 年以来，全球地表温度上升速度大于之前任何 50 年增速，全球气候变暖的趋势不可抵挡。而全球气候变化是一个有机结合的整体，任何区域的气候状态都对全球气候存在一定的影响。随着全球气候的变暖，中蒙俄国际经济走廊也经历着气温上升，降水区域变化的过程。本研究针对中蒙俄国际经济走廊 1982~2018 年气温、降水等气候要素时间序列数据，对其平均值、最大值、最小值、变化倾向率等特征量进行统计分析，得到气象要素变化特征，进而通过系统分析获取中蒙俄国际经济走廊地区 1982~2018 年的平均气候状况及其变化特征。气象数据分析方法主要采用线性趋势法和三年滑动平均曲线法。

运用线性趋势线分析气象要素的变化趋势，即利用气象要素的时间序列（汪青春等，2007），以时间为自变量、要素为因变量，建立一元回归方程。设 y 为某一气象变量，t 为时间（年份或序号），建立 y 与 t 之间的一元线性回归方程：

$$y(t) = b_0 + b_1 t \tag{3-1}$$

其趋势变化率为

$$\frac{\mathrm{d}y(t)}{\mathrm{d}t} = b_1 \tag{3-2}$$

式中，b_1 为变化倾向率，可用最小二乘法来计算，公式如下：

$$b_1 = \frac{\sum_{i=1}^{n}(x_i - \bar{x})(y_i - \bar{y})}{\sum_{i=1}^{n}(x_i - \bar{x})^2} \tag{3-3}$$

式中，i 为年份；x、y 分别为该年的平均气温、降水量；$\bar{x}$、$\bar{y}$ 分别为某年份年平均气温、年降水量的平均值和所有年份年平均气温、年降水量的平均值。由于气候变化的倾向率是以回归方程的斜率表示的，因而其值大于 0 即为增温或降水增多，小于 0 则表示降温或降水减少。气候变化倾向率的绝对值表征变化的幅度。

滑动平均曲线的变化可以作为气候趋势分析的另一种方法，即在简单平均数法基础上，通过顺序逐期增减新旧数据求算移动平均值，借以消除偶然变动因素，找出事物发展趋势，并据此进行预测的方法。滑动平均法是趋势外推技术的一种。实际上是对具有明显的负荷变化趋势的数据序列进行曲线拟合，再用新曲线预报未来的某点处的值。序列 F（$t=1$，…，n），在样本中某一时刻 t 的滑动平均值表示为

$$F_t = (A_{t-1} + A_{t-2} + A_{t-3} + \cdots + A_{t-n})/n \tag{3-4}$$

式中，F_t 是对下一期的预测值；t 是移动平均的时期个数；A_{t-1} 是前期实际值；A_{t-2}、A_{t-3} 和 A_{t-n} 分别表示前两期、前三期直至前 n 期的实际值。本研究选用三年滑动平均曲线，有利于分析短期气温或降水变化状况，曲线上的微小变化可表示出气温和降水量的变化，而长时期的曲线演变则可反映出气温或降水的长期演变趋势。

3.3 气温空间分布格局

气温和降水作为重要的气候要素之一，与人们的生产及生活密不可分。气温和降水

不仅是自然地域系统界限划分的主要参考指标，而且也是反映地球表层系统水热状态的综合指数。气温和降水的分布以及变化趋势是各种气候因素综合影响的结果，而各种气候类型的划分也主要基于气温和降水的特点。此外，气温和降水也是气候变化以及引起诸多环境问题的重要检测指标。

　　中蒙俄国际经济走廊气候类型多种多样。从 1982～2018 年年平均气温空间分布（图 3-2）来看，整个中蒙俄国际经济走廊地区气温表现出明显的纬度地带性。整个研究区南北年平均气温差约为 30℃，差异非常显著。中国的内蒙古西部，年平均气温达到 10℃以上，是中蒙俄国际经济走廊年平均气温最高的地区，向北年平均气温逐渐降低。从内蒙古高原和辽河平原往北及东欧平原与西西伯利亚平原往东进入中西伯利亚高原和俄罗斯远东山地，因地势陡升，温度骤降，在俄罗斯外贝加尔边疆区和布里亚特共和国地区年平均气温已降低到 -10℃以下。在中国的东北地区和内蒙古西部，年平均气温由南往北递减，由东向西从沿海地区的 10℃以上递减至大兴安岭北部的 0℃以下，大、小兴安岭北部地区的年平均气温都在 0℃以下。在俄罗斯远东山地和蒙古国北部少数几盟，等温线大致与纬线平行，年平均气温在 0℃以下。

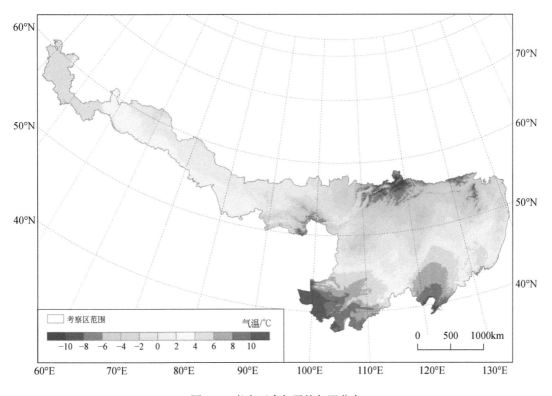

图 3-2　考察区多年平均气温分布

　　中蒙俄国际经济走廊气温分布除受纬度差异影响外，还受到地形地势的显著影响。中国东北地区年平均气温的分布受地形的影响非常显著，其分布和三面环山，怀抱平原的形状有关，东北平原中央温度高，四周低。大、小兴安岭以及长白山地区气温都较低。蒙古国的乌兰巴托市、中央省以及肯特省受地形抬升的影响气温较低。俄罗斯东部地区受到雅布洛诺夫山脉、锡霍特山脉及斯塔诺夫山脉（外兴安岭）的层层阻挡，使太平洋的暖流较少到达内陆地区，该区域气温普遍较低。

3.3.1 考察区中国部分气温分布格局

考察区中国部分年平均气温分布格局基本符合纬度地带性的分布规律，辽河平原和内蒙古自治区西部由于纬度较低，所以气温较高，而越向北，在大兴安岭的最北端，平均气温在−5~0℃，属于寒温带。从中国部分年平均气温空间分布图和柱状图来看（图3-3和图3-4），中国部分的平均气温分布呈现出明显的空间差异性，东北平原大致

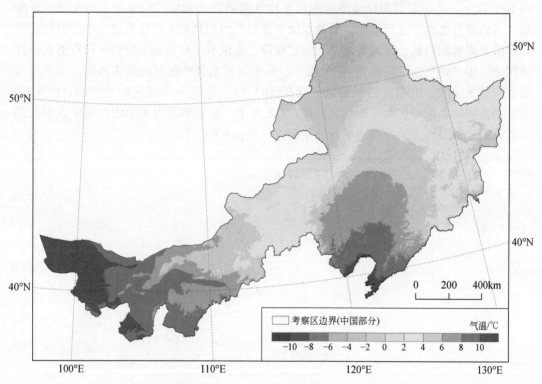

图3-3　考察区中国部分 1982~2018 年多年平均气温空间分布

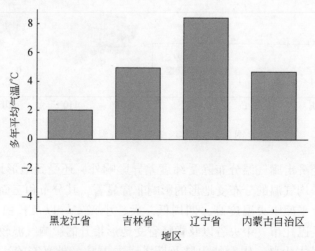

图3-4　考察区中国部分 1982~2018 年多年平均气温平均值

趋势为气温从南向北递减，辽宁省 1982 ~ 2018 年的年平均气温在 8℃ 以上，平均气温为 8.40℃，平均值位居中国部分的首位。随着向北纬度的增加，气温逐渐降低。处于东北平原最北端的黑龙江省多年平均气温仅为 2.02℃，为东三省中年平均气温最低的省份。此外，在黑龙江省和内蒙古自治区相交处的最北端，即大兴安岭的最北端，有少片地区多年平均气温在 0℃ 以下。而在内蒙古自治区多年平均气温呈现出由西向东逐渐降低的趋势，西部的最高气温可达 10℃ 以上。由于内蒙古自治区跨经度较广，经过区域平均后得到多年平均气温为 4.68℃。

3.3.2　考察区蒙古国部分气温空间分布格局

考察区蒙古国部分 1982 ~ 2018 年的年平均气温空间分布差异性较为明显（图 3-5），大致趋势为由南向北，随着纬度的升高，气温逐渐降低。在蒙古国的南部地区，南戈壁和东戈壁两省大部分地区的多年平均气温高于 4℃，平均值分别为 6.72℃ 和 4.75℃（图 3-6），其中，南戈壁省是蒙古国部分多年平均气温最高的省份。蒙古国部分以 0℃ 为分界线，平均值在 0℃ 以上的地区较 0℃ 以下的地区更多，0℃ 分界线大致位于东方省北部、肯特省南部及中央省中部。此外，多年平均气温最低的地区在乌兰巴托市，为 -1.47℃，平均气温低于 -1℃，是蒙古国部分 1982 ~ 2018 年多年平均气温较低的区域之一。而多年平均气温低于 0℃ 的其他区域有鄂尔浑省（-0.80℃）、色楞格省（-0.76℃）、肯特省（-0.60℃）、中央省（-0.52℃）、达尔汗乌勒省（-0.45℃）。

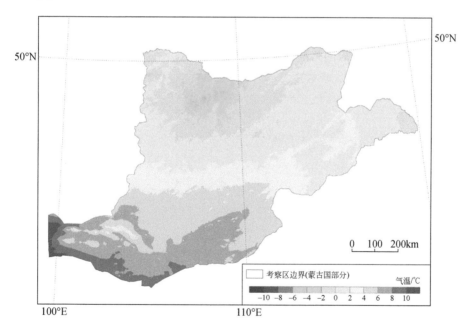

图 3-5　考察区蒙古国部分 1982 ~ 2018 年年平均气温空间分布

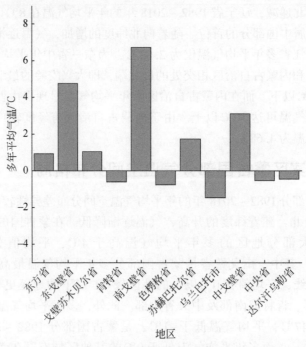

图3-6 考察区蒙古国部分1982~2018年年平均气温平均值

3.3.3 考察区俄罗斯部分气温空间分布格局

考察区俄罗斯部分1982~2018年年平均气温由沿海向内陆递减的趋势较为明显（图3-7和图3-8）。由沿海向内陆，随着距海越来越远，并且随着海拔的升高，多年平

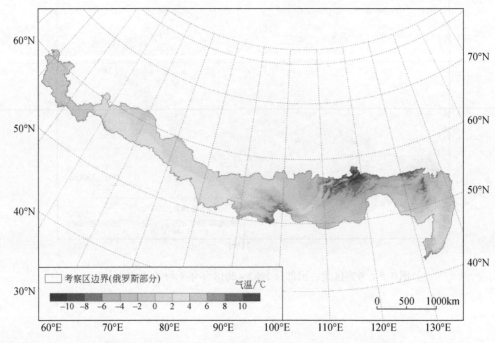

图3-7 考察区俄罗斯部分1982~2018年年平均气温空间分布

均气温逐步降低，其中西部的弗拉基米尔州的温度最高，平均值为 5.95℃，西侧大多数州的多年平均气温在 5℃ 以上，甚至高于太平洋沿岸纬度更低的滨海边疆区，该地区的多年平均气温为 2.81℃。多年平均气温最低的地区分布在俄罗斯的远东山地区，其中阿穆尔州多年平均气温为 -3.56℃，图瓦共和国多年平均气温为 -3.71℃，外贝加尔边疆区多年平均气温为 -3.99℃，而布里亚特共和国多年平均气温达 -4.24℃，是中蒙俄国际经济走廊最冷的地方。

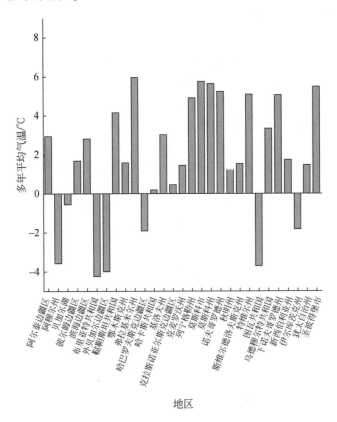

图 3-8　考察区俄罗斯部分 1982～2018 年年平均气温平均值

3.3.4　各生态地理分区气温分布

从各生态地理分区年平均气温统计结果可得（表 3-1），温带荒漠带年平均气温最高，为 8.69℃；其次是温带混交林带，为 3.78℃；再次是温带草原带为 2.30℃；亚寒带针叶林带的年平均气温在 0℃ 以下，为 -1.27℃；而苔原带年平均气温最低，为 -6.07℃。

表 3-1　各生态地理分区年平均气温　　　　　　　　　（单位：℃）

生态地理分区	年平均气温
苔原带	-6.07
亚寒带针叶林带	-1.27

续表

生态地理分区	年平均气温
温带混交林带	3.78
温带草原带	2.30
温带荒漠带	8.69

3.4 降水空间分布格局

从1982～2018年多年平均降水量空间分布（图3-9）来看，整个中蒙俄国际经济走廊地区降水量表现出明显的从沿海向内陆递减的规律。整个研究区低值区与高值区多年平均降水量相差700mm以上，差异非常显著。中国的内蒙古自治区西部以及蒙古国的南戈壁省与东戈壁省等区域多年平均降水量不足100mm，是中蒙俄国际经济走廊多年平均降水量最少的地区。从蒙古高原向四周多年平均降水量呈现出递减趋势，但由于地势陡升，水汽难以到达更高海拔的山地地区，在俄罗斯哈卡斯共和国西部、克麦罗沃州东南部、克拉斯诺亚尔斯克边疆区南部、阿尔泰边疆区南部以及布里亚特共和国西南部地区多年平均降水量大于800mm。而在太平洋沿岸中国的辽宁省和吉林省的东部地区以及俄罗斯的滨海边疆区、哈巴罗夫斯克边疆区东部地区多年平均降水量可达800mm以上。

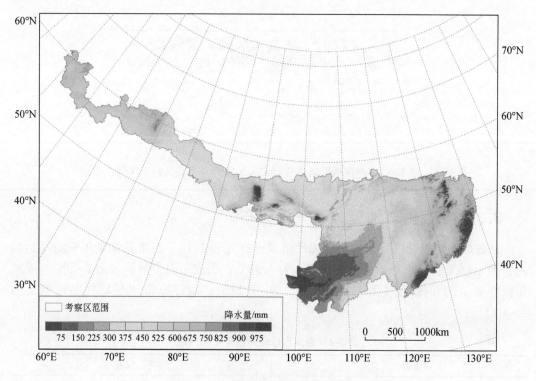

图3-9 考察区多年平均降水量分布

降水与地形的关系十分密切，尤其是沿海地带。中国东北地区东部分布有长白山地与小兴安岭，距离海洋较近，接收到的海洋水汽更多，并且来自海洋暖湿气流遇到山地时被迫抬升，形成更多的地形雨。同在中国东北地区的大兴安岭则由于距海较远，接收到的海洋暖湿水汽比小兴安岭与长白山地更少，故降水量较少。蒙古国的乌兰巴托市、色楞格省、鄂尔浑省以及肯特省的部分地区受地形抬升的影响降水量稍多。俄罗斯东部地区主要受到锡霍特山脉的阻挡，使太平洋的暖湿水汽被截流在山地的迎风坡处。

（1）考察区中国部分降水空间分布格局

考察区中国部分多年平均降水量分布格局基本符合从沿海向内陆递减的分布规律。长白山地区及小兴安岭东南部由于离海较近，以及山地地形抬升使得降水较多，而越向西，在内蒙古自治区的西部由于远离海洋，降水量最少。从中国部分多年平均降水量空间分布图和柱状图（图 3-10 和图 3-11）来看，中国部分的多年平均降水量分布呈现出明显的空间差异性，东北三省大致趋势为降水量从南向北递减，辽宁省 1982～2018 年的多年平均降水量为 683.91mm，平均值位居中国部分的首位。随着向北纬度的增加，降水量逐渐减少。处于东北平原最北端的黑龙江省多年平均降水量仅为 572.58mm，为东北三省多年平均降水量最少的省份。此外，在大兴安岭南端降水量较两侧区域多，原因是受到山地迎风坡的作用，易成云致雨。内蒙古自治区降水量自东向西逐渐递减，东西降水量差异可达 600mm 以上，但由于内蒙古自治区跨经度较广，经过区域平均后得到多年平均降水量为 307.59mm。

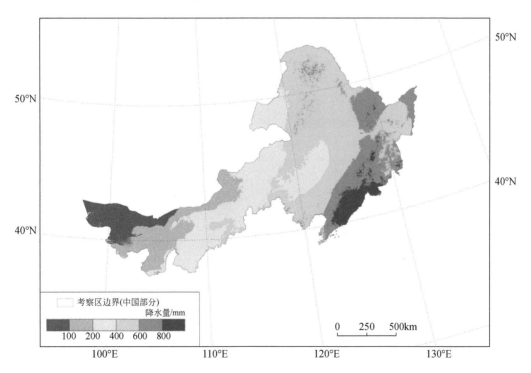

图 3-10　考察区中国部分 1982～2018 年多年平均降水量空间分布

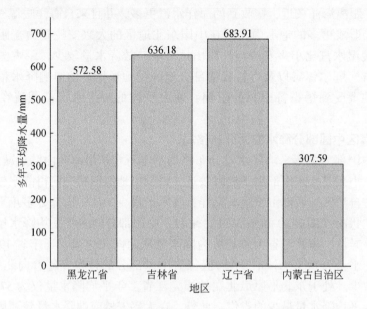

图 3-11　考察区中国部分 1982~2018 年多年平均降水量

（2）考察区蒙古国部分降水空间分布格局

考察区蒙古国部分 1982～2018 年多年平均降水量空间分布差异性较为明显（图 3-12），大致趋势为由西南向东北，随着纬度的升高，降水量逐渐增多。在蒙古国的南部地区，南戈壁、东戈壁和中戈壁三省部分地区的多年平均降水量小于 100mm，平

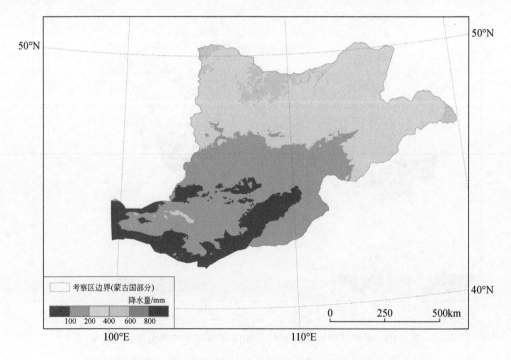

图 3-12　考察区蒙古国部分 1982~2018 年多年平均降水量空间分布

均值分别为 107.14mm、125.26mm 和 136.97mm（图 3-13），其中，南戈壁省是蒙古国部分多年平均降水量平均值最低的省份，而多年平均降水量最多的地区在鄂尔浑省，为402.30mm。其他省份降水量均小于 400mm。

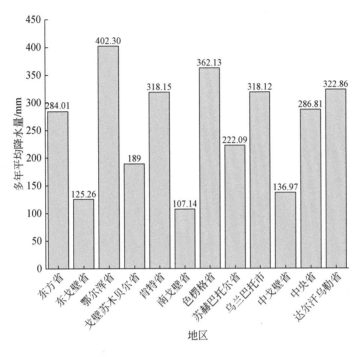

图 3-13　考察区蒙古国部分 1982～2018 年多年平均降水量

（3）考察区俄罗斯部分降水空间分布格局

考察区俄罗斯部分 1982～2018 年多年平均降水量由沿海向内陆递减的趋势较为明显（图 3-14 和图 3-15）。由沿海向内陆，随着距海越来越远，降水量逐渐减少，其中，西部的诺夫哥罗德州的降水量最大，平均值为 696.66mm，西部大多数州的多年平均降水量均大于 600mm。虽然西风带来丰富的降水，但是降水量低于太平洋沿岸山地阻挡形成的地形雨区，如滨海边疆区多年平均降水量为 819.58mm；哈巴罗夫斯克边疆区多年平均降水量为 704.47mm；犹太自治州多年平均降水量为 687.93mm。降水量平均值最低的地区分布在俄罗斯的中部地区，其中图瓦共和国多年平均降水量为 424.17mm，是俄罗斯部分降水最少的地方。

（4）各生态地理分区降水空间分布格局

从各生态地理分区多年平均降水量统计结果可得（表 3-2），温带混交林带多年平均降水量为 650.55mm；其次是亚寒带针叶林带（泰加林带），为 561.84mm；再次是苔原带，为 397.31mm；温带草原带的多年平均降水量小于 400mm，为 353.42mm；而温带荒漠带多年平均降水量最少，为 107.77mm。

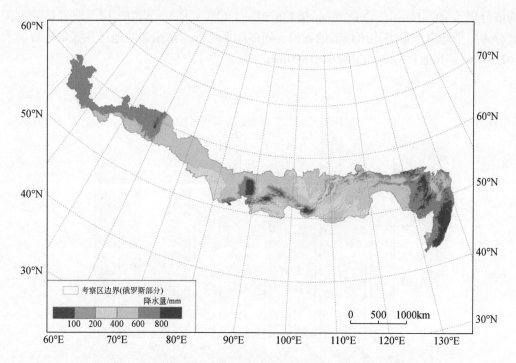

图 3-14　考察区俄罗斯部分 1982～2018 年多年平均降水量空间分布

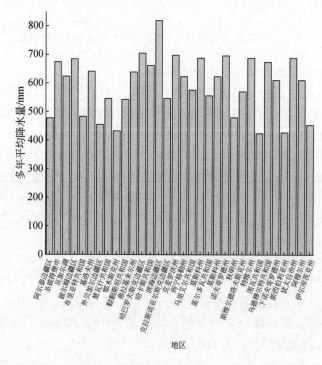

图 3-15　考察区俄罗斯部分 1982～2018 年多年平均降水量

表 3-2　各生态地理分区多年平均降水量　　　　（单位：mm）

生态地理分区	多年平均降水量
苔原带	397.31
亚寒带针叶林带	561.84
温带混交林带	650.55
温带草原带	353.42
温带荒漠带	107.77

3.5　气候变化状况

中蒙俄国际经济走廊地区主要包括中国东北三省和内蒙古自治区、蒙古国东部以及俄罗斯的部分地区。中国部分近 50 年来平均气温、日最高气温和日最低气温的增温态势十分明显，东北地区的增温大于西部地区；日最低气温的增温幅度大于平均气温和日最高气温；冬季的增温较夏季显著。20 世纪 80 年代中后期平均气温、日最高气温、日最低气温大多地区发生了一次显著的变暖，且 1990 年以来中国北部地区的气温明显偏高。但是不同季节、不同区域气温的年变化特征并不完全相同（郭志梅等，2005）。

1900 ~ 1920 年，中国东北地区大约增温 0.7℃，1920 ~ 1970 年基本保持稳定状态，而从 20 世纪 70 年代开始，东北地区的气温急速升高了 1℃，且冬季升温高于夏季，夜间升温高于日间，日温差逐渐减小。东北地区的降水量在 1900 ~ 1930 年较少，平均值低于正常值，而 1940 ~ 1960 年降水量较多，1960 年以后降水量逐渐减少，其中夏季减少最为显著，特别是 1990 年以来，东北地区降水量急剧下降（左洪超等，2004）。根据中国近 50 年来（1961 ~ 2010 年）的气象资料分析，东北地区是中国增温最快，范围最大的地区之一，而且其年均相对湿度下降也最明显，下降速率达到 5.7%/10a，干旱化趋势尤为严峻（王遵娅，2004）。

据相关研究表明，中国东北地区未来 10 ~ 20 年将以暖湿气候为主，而内蒙古自治区不同区域、不同季节对气候变暖的响应不同。中西部地区响应程度明显高于东部地区，并且春季响应最早，自 1983 年开始变暖；秋、冬季响应略晚，1987 年开始增暖；夏季响应最晚，直到 1993 年才开始增暖；全年增暖时间为 1986 年。内蒙古自治区自 1961 年以来降水量的变化趋势波动性较大，但总趋势保持着略微增加的态势。东中部增加趋势较为明显，西部地区增加量小于东中部地区，并且中部和西部地区变化趋势基本一致，呈少雨-多雨期的波动变化，进入 21 世纪之后，降水量明显增加，目前正处于多雨期（尤莉等，2002；兰玉坤，2007）。

自 1961 年以来，蒙古国经历了气温、降水和水资源三大方面的显著变化，极端天气无论在强度还是频次上都在明显增加，冬季出现历史最严寒，冬、夏季出现创历史的洪水。1940 ~ 2007 年年平均气温升高了 2.14℃。蒙古国在过去 60 年中冰川减少了 22%，其中 1940 ~ 1992 年减少了 12%，惊人的是仅 1992 ~ 2002 年就减少了 10%，一方面气候变化加快了冰川和多年冻土融化，造成局部地区地表和河、湖水的蓄量增加，这一趋势可能将继续几十年，直到冰态水完全消融为止，但这仅占蒙古国国土面积的极少一部分，蒙古国其余绝大部分国土上的地表水呈现显著减少趋势，其中 5128 条河和溪流中的 852 条已永久枯竭，9306 眼喷泉中的 2277 眼也已完全枯竭，3747 个湖或池塘中的 1181 个也已经干枯，1940~2007 年年降水总量减少近 7%，虽然夏季短时强暴雨增加，但稳定性降水减少明显，总的来说，夏季降水总量也是在减少的。预计 2010~2039 年降水量还要继续减少 4%。总之，已发生改变的夏季降水和已缩短的冬季冰雪期正在改变蒙古人往日赖以生存的河流形态，给生态可持续发展带来巨大威胁。值得补充说明的是，虽然一些气候模式预计蒙古国 2040~2080 年降水将增加，但降水增加的地理分布变化很大，同时多数气候模式预估降水增加多发生在冷季节（冬季）（王万里，2012）。

在俄罗斯西伯利亚及远东地区，近几十年来观察到，气候变暖导致极端天气现象的频率和强度增加（Bedritskii et al., 2009；Gruza and Ran'kova, 2003；Izrael et al., 2001；Ippolitov et al., 2004；Kabanov et al., 2000）。

气候变化主要反映为：各种时间尺度的冷暖阶段的交替与干湿阶段的交替。一个冷阶段和一个暖阶段，或者一个干阶段和一个湿阶段组成一个变化周期。因此，气候变化一般是指某种周期性的变化。但是，这些变化的周期是不严格的，一个周期内前后阶段的对称性不强，不同周期的长度还可以相差很大，故人们通常称这样的周期变化为准周期性变化。世界气象组织（World Meteorological Organization, WMO）提出以 30 年为气候统计的标准时段。这个提议是很合理的，因为 30 年的长度基本上相当于一代人的工作期，作为人类活动环境参数的统计时段是恰当的。同时，从有气象观测记录以来，30 年内气候还是相对稳定的。近百年来各个 30 年统计值比较，温度相差不到 1℃，降水相差不到 100mm。也就是说，它在百年尺度内并无重大差异，故对于当前规划、工程设计都是可用的。相反，太长时段的气候统计值对于人类并不见得十分有用。例如，把近两万年的气候要素平均起来，则温度要比现在低 5~6℃。若与此值比较，现在任何年份都是高温年，甚至最寒冷的年份也是高温年。这样的统计数据反映不出对当前社会经济的影响，因而也就没有实际意义。所以从当前的应用来说，30 年时段是合适的。因此，对 30 余年中蒙俄国际经济走廊地区气候变化状况进行研究，将有利于认识中蒙俄国际经济走廊的区域气候现状与区域差异，为探索中蒙俄国际经济走廊地区近 37 年来的地理环境状况的变动原因及未来气候变化研究提供科学基础。

3.6 中蒙俄气温变化趋势

3.6.1 气温年际变化的时间特征

根据近 37 年来中蒙俄国际经济走廊地区各个气象站点的气温资料，我们绘制了中蒙俄国际经济走廊地区全区及各个地区的 1982~2018 年的年平均气温年际变化曲线（图 3-16）。从图 3-16 中可以看出，近 37 年来，中蒙俄国际经济走廊地区的年平均气温总体呈上升趋势，升幅为 0.89℃，但是中国东北三省和内蒙古自治区、蒙古国东部及俄罗斯部分因地处纬度差异较大，气温的升幅差异明显。俄罗斯与中国部分因地理位置离海洋更近，气温升幅较低，分别为 0.31℃ 和 0.44℃，而蒙古国深居内陆，接收到的海洋水汽更少，所以气温升幅最大，为 0.72℃。

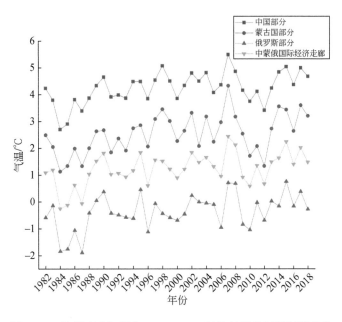

图 3-16　考察区及各部分 1982～2018 年的年平均气温年际变化

中蒙俄国际经济走廊地区气温分别在 1987 年和 2007 年达到最小值与最大值，分别为-0.06℃和 2.44℃。由于纬度的变化，中国部分、蒙古国部分以及俄罗斯部分气温依次降低。其中，中国部分气温在 2～6℃变化；蒙古国部分气温在 1～5℃变化；俄罗斯部分的气温最低，在-2～1℃变化。中国部分 20 世纪 80 年代中期气温开始呈现出上升态势，90 年代末期达到极大值，而 2007 年出现 1982～2018 年近 37 年的最高气温。中国部分气温在 1984 年和 2007 年分别出现最低值与最高值，分别为 2.70℃和 5.50℃。90 年代以来中国北方地区的气温整体呈升高趋势，但是不同区域气温的多年变化特征并不完全相同（郭志梅等，2005），表现最明显的是西部地区，气温呈下降态势，而东北地区气温上升明显，尤其是进入 21 世纪以来，气温上升趋势更加明显（王海军，2009）。

蒙古国部分气温变化总体也呈现上升态势，20 世纪 80 年代初期气温下降，后期气温开始阶段性波动上升，气温在 1984 年达到最低值，2007 年达到最高值。

俄罗斯部分气温变化同样呈现阶段性波动上升状态。1987 年及 2007 年气温分别达到最小值和最高值。此外，俄罗斯部分相对寒冷，气温变化幅度较小，是三个地区中气温波动最平缓的地区。

由中蒙俄国际经济走廊地区年平均气温距平和三年平均气温滑动平均可知（图 3-17），中蒙俄国际经济走廊地区的年平均气温距平呈现波浪式的上升趋势，在 20 世纪 90 年代以前基本上以负距平为主，但滑动平均曲线呈现出先下降后上升的特征，但总体该时期属于气温偏冷阶段，其中 1987 年气温最低。1990 年以后变成以正距平为主，滑动平均曲线也基本保持上升态势，中蒙俄国际经济走廊地区进入气温偏暖阶段，气温最高年份是 2007 年，为 2.44℃。从年平均气温三年滑动平均曲线来看，中蒙俄国际经济走廊地区气温整体以 1987 年为界，1987 年以前气温呈现下降趋势，1987 年之后

气温回升。而经历了 2007 年的极大值后，气温出现了短时期的下降，但该时期下降的
最低温仍大于 20 世纪 80 年代。总体来看，1980~1987 年，中蒙俄国际经济走廊地区气
候偏冷，气温总体偏低。1987 年以后中蒙俄国际经济走廊地区气温变化呈现波动上升
的趋势，且气温变化波动性加大。

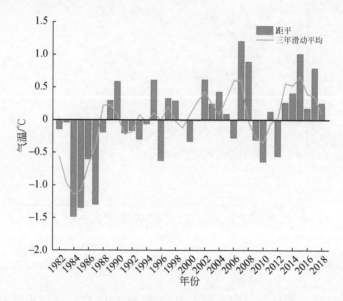

图 3-17　考察区年平均气温距平和三年滑动平均

　　从中国部分年平均气温距平和三年滑动平均中可得（图 3-18），中国部分的年平均
气温距平的变化在 1994 年以前基本上以负距平为主，且三年滑动平均值多小于 0℃，属
于气温偏冷阶段，其中 1984 年气温最低。1994 年以后变成以正距平为主，三年滑动平
均曲线总体波动上升，中国部分进入气温偏暖阶段，气温最高年份是 1998 年。2007 年

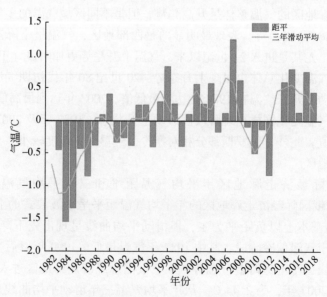

图 3-18　考察区中国部分年平均气温距平和三年滑动平均

开始出现了短暂降低期，随后 2010 年又出现了急速增温的趋势。总体来看，中国部分 1996 年以前气温偏冷，气温呈现下降趋势，1996 年以后气温逐渐变暖，气候变化波动较大。

从蒙古国部分年平均气温距平和年平均气温三年滑动平均可得（图 3-19），蒙古国的气温距平的年际变化类似于中国部分，也呈波浪式上升趋势，1992 年以前蒙古国平均气温距平以负距平为主，三年滑动平均曲线处于负半轴，属于气温偏冷阶段，其中 1984 年气温最低。1992 年以后平均气温距平以正距平为主，1994 年开始三年滑动平均处于 0℃以上，蒙古国地区进入气温偏暖阶段，气温最高年份是 2007 年。而 2007 年以后，蒙古国部分气温进入了波动剧烈时期，但波动幅度的温差仍高于 20 世纪 80 年代。从三年滑动平均气温来看，蒙古国气温在 1991 年发生转变，气温在一段时间内都保持在 0℃以上。总体来看，1982 ～ 1992 年，蒙古国气候偏冷，气温呈下降趋势，1992 ～ 2007 年蒙古国进入偏暖阶段，气温呈现缓慢增长趋势，而 2007 年之后气温出现了较大波动。

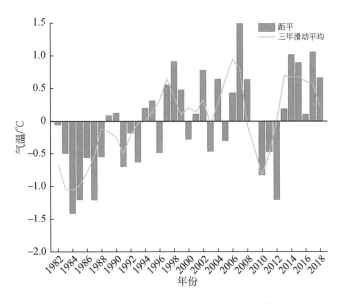

图 3-19　考察区蒙古国部分年平均气温距平和三年滑动平均

从俄罗斯部分年平均气温距平和三年滑动平均可知（图 3-20），俄罗斯部分平均气温最低，其变化曲线与中国部分和蒙古国部分有较大的差异，20 世纪 80 年代气温较低，为负距平，三年滑动平均气温较低，属于气温偏冷阶段。20 世纪 90 年代气温有所上升，但是增温幅度不大，平均气温距平围绕在平均值上下。进入 21 世纪，俄罗斯部分气温距平表现出明显的波动性，波动的频率和幅度也较 20 世纪 90 年代更为剧烈。从三年滑动平均可以看出，俄罗斯部分的气温总体上呈现出下降—上升—下降—上升的周期性变化特征。

从中蒙俄国际经济走廊地区各生态地理分区年平均气温距平和三年滑动平均的年际变化来看，亚寒带针叶林带的年平均气温距平的变化呈现波浪式的上升态势（图 3-21），1988 年以前基本上以负距平为主，三年滑动平均值下降，属于气温偏冷阶段，其中

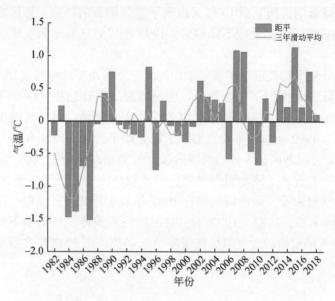

图 3-20 考察区俄罗斯部分年平均气温距平和三年滑动平均

1987 年气温最低。1988 年以后变成以正距平为主,少量距平为负,三年滑动平均呈现出波动趋势,亚寒带针叶林带进入气温偏暖阶段,气温最高年份是 2015 年。从三年滑动平均来看,亚寒带针叶林带气温基本以 1988 年为界,1988 年以前气温呈现不稳定趋势,1988 年之后气温在 2℃范围内波动。总体来看,1980~1988 年,亚寒带针叶林带气候偏冷,气温呈现波动变化,略有下降。1988 年开始,亚寒带针叶林带气温变化呈现逐步升温的趋势,且气温波动变化幅度有所增加。

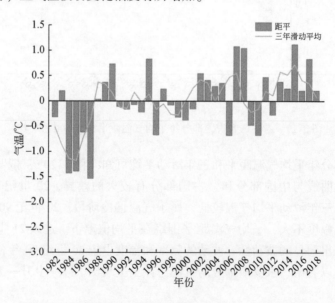

图 3-21 亚寒带针叶林带年平均气温距平和三年滑动平均

从温带混交林带年平均气温距平和三年滑动平均的年际变化可得(图 3-22),温带混交林带年平均气温距平的变化呈现波浪式的上升，在 1989 年以前基本上以负距平为主，三年滑动平均下降，属于气温偏冷阶段，其中 1987 年气温最低。1989 年以后变成以正距平为主，少量距平为负，三年滑动平均曲线波动上升，温带混交林带进入气温偏暖阶段，气温最高的年份是 2008 年。从三年滑动平均来看，温带混交林带气温以 1989 年为界，1989 年以前气温呈现下降趋势，1996 年之后气温波动回升。总体来看，1982 ~ 1989 年，温带混交林带气候偏冷，气温呈现波动变化，略有下降，1989 年开始，温度变化呈现逐步升温趋势，且气温波动幅度变大。

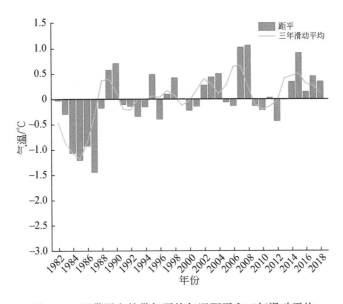

图 3-22　温带混交林带年平均气温距平和三年滑动平均

从温带草原带年平均气温距平和三年滑动平均来看（图 3-23），温带草原带年平均气温距平的变化同样呈现波浪式的上升，在 1989 年以前基本上以负距平为主，三年滑

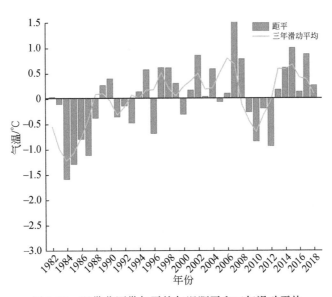

图 3-23　温带草原带年平均气温距平和三年滑动平均

动平均值处于0℃以下，属于气温偏冷阶段，其中1984年气温最低。1998年以后变成以正距平为主，少量距平为负，三年滑动平均曲线波动上升，温带草原带进入气温偏暖阶段，气温最高的年份是2007年。从三年滑动平均来看，温带草原带气温以1988年为界，1988年以前气温波动较大，1988年之后气温在较小范围内波动，但2007～2013年出现了较大降温波动。总体来看，1982～1989年，温带草原带气候偏冷，气温呈现波动变化，略有下降。从1989年开始，温带草原带气温变化呈现逐渐波动升温的趋势，且气温波动幅度逐渐变大。

从温带荒漠带年平均气温距平和三年滑动平均的年际变化可知（图3-24），温带荒漠带年平均气温距平的变化也呈现波浪式的上升，在1996年以前基本上以负距平为主，累积距平曲线下降，属于气温偏冷阶段，其中1984年气温最低。1996年以后气温变成以正距平为主，少量年份距平为负，三年滑动平均曲线波动上升，温带荒漠带进入气温偏暖阶段，气温最高年份是2007年。从年平均气温三年滑动平均来看，温带荒漠带气温基本以1986年为界，1986年以前气温波动较为剧烈，1986年之后气温波动幅度较小，但2006年之后，波动频率与幅度都有所增加。总体来看，1982～1986年，温带荒漠带气候偏冷，气温呈现波动变化，略有下降。从1986年开始，温带荒漠带气温变化呈现逐步升温的趋势，且气温波动幅度逐渐增大。

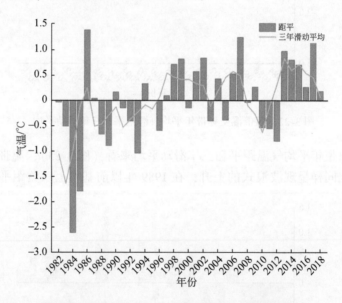

图3-24　温带荒漠带年平均气温距平和三年滑动平均

从苔原带年平均气温距平和年平均气温三年滑动平均的年际变化可知（图3-25），苔原带年平均气温距平的变化也呈现波浪式的上升，在1989年以前基本上以负距平为主，三年滑动平均曲线都小于0℃，属于气温偏冷阶段，其中1987年气温最低。1989年以后变成以正距平为主，少量年份气温距平为负，三年滑动平均曲线波动上升，苔原带进入气温偏暖阶段，气温最高年份是2015年。从三年滑动平均来看，苔原带气温基本以1988年为界，1988年以前气温呈现较大波动变化，1988年之后气温变化波动幅度较小且范围距平在1℃以内。总体来看，1982～1989年，苔原带气候偏冷，气温呈现波动变化, 略有下降。1989 年开始, 苔原带气温变化呈现逐步升温的趋势, 且气温变化波动由大变小再变大。

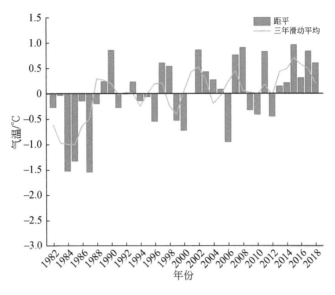

图 3-25　苔原带年平均气温距平和三年滑动平均

3.6.2　气温年际变化的空间格局特征

从中蒙俄国际经济走廊地区 1982~2018 年年平均气温变化倾向率空间分布可得(图 3-26), 中蒙俄国际经济走廊地区近 37 年平均气温呈明显的上升态势, 大部分地区年平均气温上升幅度在 0.01℃/a 以上, 局部地区上升幅度在 0.06℃/a 以上, 如中国内

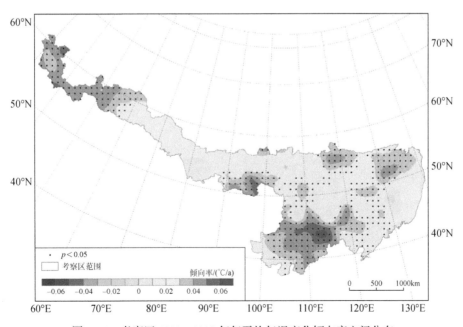

图 3-26　考察区 1982~2018 年年平均气温变化倾向率空间分布

蒙古中东部地区。此外，在中国黑龙江东部的小兴安岭存在比较明显的气温下降区。

从中国部分 1982～2018 年年平均气温变化倾向率空间分布来看（图 3-27），中国东北三省气温上升幅度在 0～0.05℃/a，而内蒙古自治区气温上升幅度在 0.1～0.06℃/a。中国东北地区存在一个明显的气温下降区，主要位于小兴安岭南部地区，而气温上升最剧烈的区域主要位于内蒙古自治区中部地区。

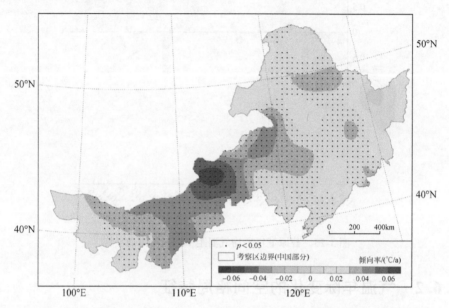

图 3-27　考察区中国部分 1982～2018 年年平均气温变化倾向率空间分布

从蒙古国部分 1982～2018 年年平均气温变化倾向率空间分布来看（图 3-28），蒙古

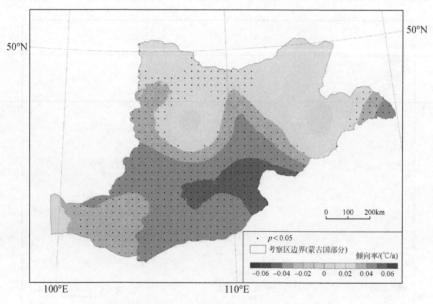

图 3-28　考察区蒙古国部分 1982～2018 年年平均气温变化倾向率空间分布

国大部分地区气温变化在 $-0.01 \sim 0.06℃/a$，这些地区主要分布在蒙古国东南部地区。气温上升在 $0.05℃/a$ 以上的地区主要集中在蒙古国东南部的东戈壁省中部、南戈壁省东北少数部分，中戈壁省东南角以及苏赫巴托尔省南部。

从俄罗斯部分 $1982 \sim 2018$ 年年平均气温变化倾向率空间分布来看（图 3-29），俄罗斯部分气温变化处于 $0 \sim 0.06℃/a$。西部地区气温较高，大致以乌拉尔山脉为界，而中部的图瓦共和国升温也较为显著，升温速率大于 $0.05℃/a$。远东地区也存在两个增温区，增温区升温速率大于 $0.04℃/a$。而升温速率较低的区域主要分布在滨海边疆区和阿尔泰边疆区，速率小于 $0.01℃/a$。

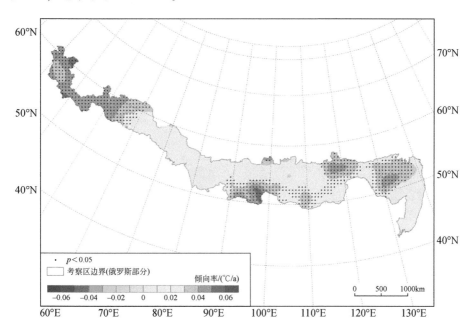

图 3-29　考察区俄罗斯部分 $1982 \sim 2018$ 年年平均气温变化倾斜向空间分布

3.7　中蒙俄降水变化趋势

3.7.1　降水年际变化的时间特征

$1982 \sim 2018$ 年，中蒙俄国际经济走廊地区的降水量大多介于 $440 \sim 550$ mm，降水量高于 500 mm 的年份只有 1983 年、1984 年、1985 年、1990 年、1994 年、1998 年、2009年、2012 年、2013 年、2015 年、2016 年和 2018 年 12 年。从中蒙俄国际经济走廊这 37年的年降水量变化曲线来看（图 3-30），20 世纪 80 ~ 90 年代中蒙俄国际经济走廊降水量波动较大，21 世纪初则表现相对较平稳，到 2010 年后降水量变化又波动较大。

考察区中蒙俄国际经济走廊各地区的降水量变化很不一致。降水量波动最明显的是中国，1998 年前中国降水量呈现上下波动趋势，1998 年降水量最高高达 539.86mm，随后又迅速下降，最后呈缓慢下降的趋势，在 2001 年下降至最低，低至 332.51mm。到 2002 年后呈现上下波动，至 2013 年降水量达到这 37 年第二高峰，为 524.9mm。

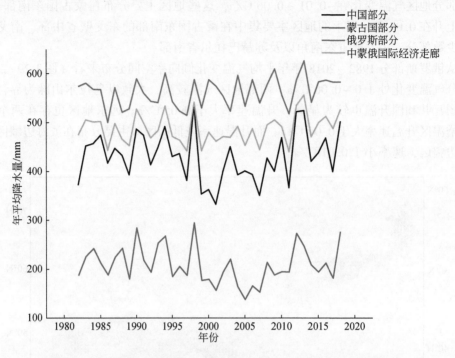

图 3-30   考察区及各部分 1982～2018 年的年平均降水量年际变化

考察区蒙古国部分降水量的变化趋势同中国部分大体一致，总体蒙古国部分比中国部分降水量偏少是由于中国北方地区东南部位于沿海，受到来自太平洋季风的影响，整体降水量比蒙古国略高。蒙古国的降水量极大值出现在 1998 年，达到 295.94mm。

考察区俄罗斯部分降水量变化不大，且近 37 年的降水量均较高，都在 500mm 以上。2013 年降水量达到了 627.03mm，其余年份降水量均保持在 550mm 上下。

从中蒙俄国际经济走廊地区年平均降水量距平和三年滑动平均的年际变化来看（图 3-31），中蒙俄国际经济走廊地区三年滑动平均年际波动较大，20 世纪 80 年代仅有 1983 年、1984 年、1985 年和 1987 年距平为正，1986 年距平最低，低至 –44.04mm。1994～2004 年只有 1998 年距平为正，其他年份都为负。1982～2000 年三年滑动平均呈先下降后上升的趋势。1994～2007 年三年滑动平均都是负数，直至 2008 年以后三年滑动平均变为正数。2013 年中蒙俄国际经济走廊地区距平有一个较大幅度增长，达到这 37 年最高，为 70.06mm，之后降水量在波动中逐渐增加。可见，中蒙俄国际经济走廊地区 37 年来年降水量变化大体可划分为三个阶段，1982～1994 年的上升阶段、1994～2007 年的下降阶段和 2007 年以后的上升阶段，其中距平最大的年份为 2013 年，为 70.06mm，2011 年距平最小，为 –46.45mm。

从中国部分年平均降水量距平和三年滑动平均可得（图 3-32）。中国部分的年平均降水量距平的变化在 1998 年以后基本上以负距平为主，且三年滑动平均值均小于 0，属于降水偏少阶段，其中 2001 年降水最少。2009 年以后变成以正距平为主，三年滑动平均曲线总体波动上升，中国部分进入降水偏多阶段，降水最多的年份是 2012 年和 2013 年。总体来看，中国部分 1998 年以前降水波动不大，1998 年降水是这 37 年中最多的，

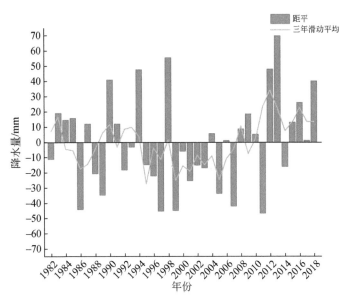

图 3-31　考察区年平均降水量距平和三年滑动平均

高达 539.86mm，且距平高达 109.49mm。1998 年后降水呈现下降趋势，2003 年以后降水逐渐变多，降水变化波动较大。

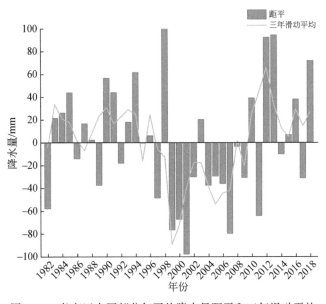

图 3-32　考察区中国部分年平均降水量距平和三年滑动平均

　　从蒙古国部分年平均降水量距平和三年滑动平均可得（图 3-33），蒙古国的年平均降水量距平的变化类似于中国部分，也呈波浪式上升趋势，1998 年以前蒙古国年平均降水量距平呈现上下波动，三年滑动平均曲线多处于正半轴，属于降水上下波动不大，其中 1990 年降水最多。1998~2010 年以后年平均降水量距平以负距平为主，相对应的三年滑动平均处于 0 以下，蒙古国地区进入降水偏少的阶段，2005 年年平均降水量低至 138.13mm，距平为-71.43mm。而 2010 年以后，蒙古国部分降水进入了波动剧烈时期，可见，蒙古国地区 37 年来距平最大的年份为 1998 年，为 86.38mm，而 2005 年距平最小，为-71.43mm。

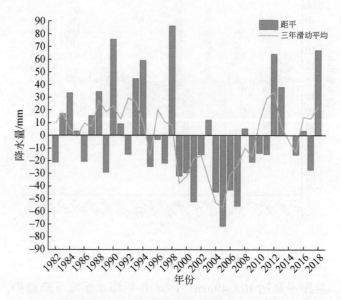

图 3-33　考察区蒙古国部分年平均降水量距平和三年滑动平均

从俄罗斯部分年平均降水量距平和三年滑动平均可知（图 3-34），俄罗斯地区年降水量年际变化波动较大，在 20 世纪 80 年代初有下降波动，到 1986 年降水量距平降至最低，-61.86mm。1986 年后有一个短暂的上升阶段，随后进入下降阶段，到 1997 年降水量距平达到-47.63mm，之后进入增加阶段，其中 1994 年降水量有一个大幅度的增加，降水量距平达到 39.53mm，2002 年开始俄罗斯降水量又进入减少阶段，且 2000 年

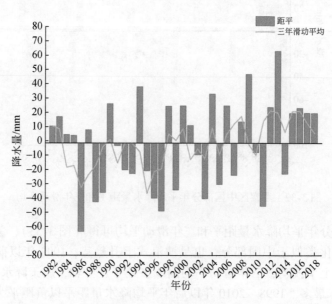

图 3-34　考察区俄罗斯部分年平均降水量距平和三年滑动平均

降水量距平为-8.07mm，2004年之后再次进入增加阶段。可见，俄罗斯地区37年来降水量距平最大的年份为2013年，为64.71mm，最小的年份是1986年，为61.86mm。

从中蒙俄国际经济走廊各生态地理分区年平均降水量距平和三年滑动平均的年际变化来看（图3-35），亚寒带针叶林带1982~2000年的年降水量距平以负距平为主，降水量三年滑动平均表现为上下波动的趋势，2000年年降水量距平多为正值，年降水量距平进入增长阶段，1998年之后三年滑动平均又经历了先减少后增加的阶段。可见，亚寒带针叶林带37年来降水量距平最大的年份为2013年，为58.71mm，最小的年份为1986年，为-62.39mm。

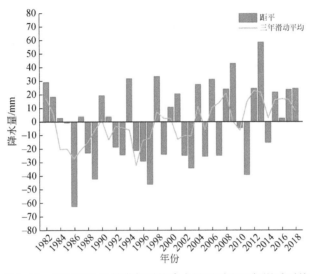

图3-35　亚寒带针叶林带年平均降水量距平和三年滑动平均

从温带混交林带年平均降水量距平和三年滑动平均的年际变化可得（图3-36），温

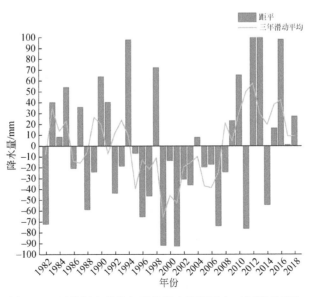

图3-36　温带混交林带年平均降水量距平和三年滑动平均

带混交林带年平均降水量距平多为负值，1994～2008年三年滑动平均多为负值，2008年以后降水量距平多为正值，三年滑动平均多为上升的趋势。可见，温带混交林带37年来降水距平最大的年份为2013年，为125.70mm，最小的年份为2001年，为−92.10mm。

从温带草原带年平均降水量距平和三年滑动平均的年际变化可得（图3-37），温带草原带在20世纪80年代初至20世纪末大多数为正距平，且三年滑动平均处于0以上，属于降水量增多的阶段，其中1998年降水量最高，达441.21mm。1998年以后变成以负距平为主，少量距平为正，三年滑动平均曲线波动上升，温带草原带进入降水量偏少阶段，降水量较低年份为2007年、2005年和1999年。从三年滑动平均来看，温带草原带降水量以1988年为界。从总体看，1982～1998年，温带草原带，降水量呈现波动变化，略有下降。从1998年开始，温带草原带降水量呈现逐渐波动降低的趋势，偶有升高，降水量波动幅度逐渐变大。其中，年降水量距平最小的年份为2007年，为−57.92mm；最大的年份为1998年，为87.79mm。

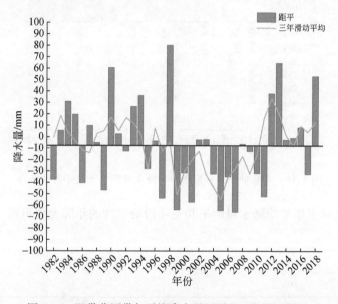

图3-37　温带草原带年平均降水量距平和三年滑动平均

从温带荒漠带年平均降水量距平和三年滑动平均的年际变化可得（图3-38），温带荒漠带年平均降水量距平的变化大致呈现波浪式的上升，在1994年以前基本上以负距平为主，三年滑动平均曲线大幅上升，降水量呈现先降低后增加的趋势。1994年以后降水量变成以正距平为主，少量年份距平为负，三年滑动平均曲线波动上升，温带荒漠带进入降水量增加阶段。可见，温带荒漠带37年来降水量变化可大致划分为两个阶段，1982～1994年的下降阶段和1994～2018年的上升阶段。其中，降水量距平最大的年份为2018年，为79.37mm；最小的年份为1982年，为−53.47mm。

从苔原带年平均降水量距平和三年滑动平均的年际变化可得（图3-39），苔原带年降水量距平的变化波动较大，在1998年以前基本上以负距平为主，三年滑动平均曲线都小于0，属于降水量减少阶段。1998年以后三年滑动平均处于波动期，到2003年呈

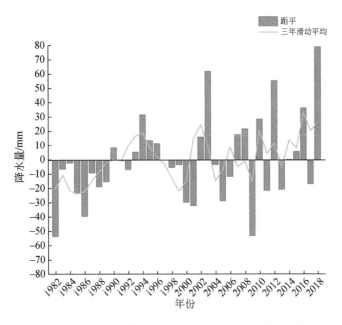

图 3-38　温带荒漠带年平均降水量距平和三年滑动平均

先下降之后波动上升趋势，且 1998 年以后降水量距平多处于正值，少数为负值。可见，苔原带 37 年来降水量的变化可划分为三个阶段：1982 ~ 1998 年的不稳定波动阶段、1998 ~ 2003 年的下降阶段和 2003 ~ 2018 年的上升阶段。其中，降水量距平最大的年份为 1982 年，为 90.36mm；最小的年份是 1997 年，为 -123.76mm。

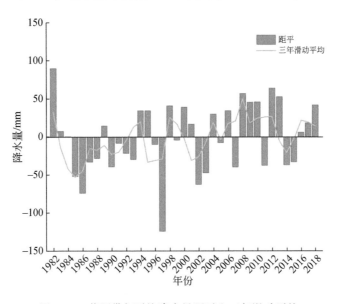

图 3-39　苔原带年平均降水量距平和三年滑动平均

3.7.2 降水年际变化的空间格局特征

从中蒙俄国际经济走廊地区 1982～2018 年年平均降水量变化倾斜率空间分布可得（图 3-40），中蒙俄国际经济走廊地区近 37 年平均降水量变化空间差异较大，俄罗斯部分地区，中国内蒙古中部、南部地区、东北地区降水量增加趋势相对明显，降水量倾斜率为 0～5mm/a，其中中国东北地区吉林中部、黑龙江东部及北部地区降水量增加趋势明显，降水量增加幅度在 5mm/a 左右，内蒙古地区降水量以减少为主，减少幅度在 3mm/a 以内。俄罗斯大部分地区降水量增加趋势明显，伊尔库茨克州北部地区、阿尔泰边疆区、阿穆尔州地区及俄罗斯远东的广大地区降水量增加幅度都在 5mm/a 以上。俄罗斯贝加尔湖周围地区降水量主要呈减小趋势，大部分地区减小幅度在 3mm/a 以内。此外，蒙古国部分降水量下降趋势较为明显，大部分地区降水量下降幅度在 1～3mm/a。

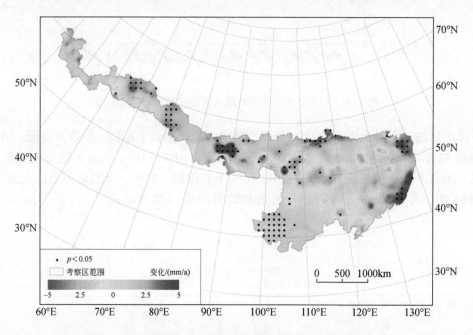

图 3-40　考察区 1982～2018 年年平均降水量变化倾斜率空间分布

从中国部分 1982～2018 年年平均降水量变化倾斜率空间分布看（图 3-41），中国地区的降水量的变化趋势空间差异较大，内蒙古自治区降水速率在增加，增加幅度为 –3～1.5mm/a，东北地区在 –2.5～5mm/a。在内蒙古自治区的中部、南部降水量呈现增加的趋势，增加幅度为 0～1.5mm/a。在吉林省的中部、黑龙江省的中部及东部地区，降水速率增加幅度更加明显，在 2～5mm/a。

从蒙古国部分 1982～2018 年年平均降水量变化倾斜率空间分布看（图 3-42），蒙古国境内这 37 年降水量变化趋势以减少为主，且从图 3-42 中可以看出减少具有一定的空间规律性，从蒙古国中部往北平均降水量减少幅度越来越大，其中东方省的北部，肯特省的北部减少幅度最大，在 1～3mm/a。从蒙古国中部往南平均降水量减少幅度越来越小，到南戈壁省和东戈壁省南部降水量变化趋势开始增加，增加幅度为 0～2.8mm/a。

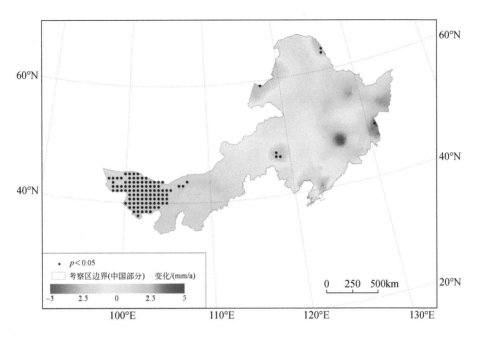

图 3-41　考察区中国部分 1982～2018 年年平均降水量变化倾斜率空间分布

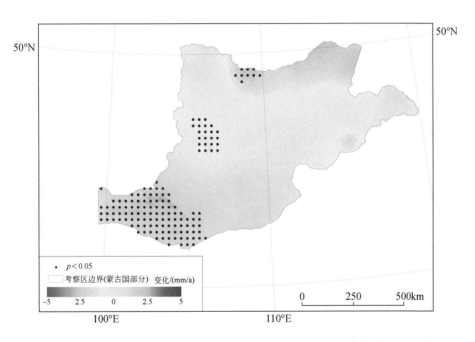

图 3-42　考察区蒙古国部分 1982～2018 年年平均降水量变化倾斜率空间分布

　　从俄罗斯部分 1982～2018 年年平均降水量变化倾斜率空间分布来看（图 3-43），俄罗斯部分降水量主要呈现增加的趋势，且变化呈现明显的地域性分布。西部和东部降水量增加较为显著，中部贝加尔湖周围及与蒙古国接壤地区降水速率在减少，减少速率为 1～3mm/a。其中，阿尔泰边疆区、克麦罗沃州降水量增加更为显著，降水速率达 4～

9mm/a；其次是滨海边疆区，降水速率为 3 ~ 6mm/a。

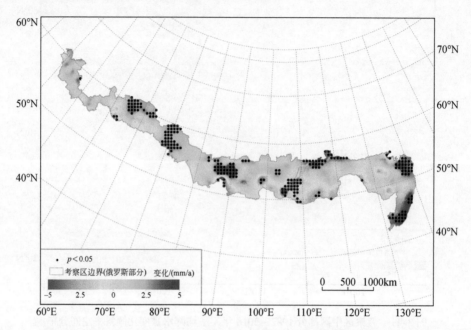

图 3-43　考察区俄罗斯部分 1982 ~ 2018 年年平均降水量变化倾斜率空间分布

第 4 章

中蒙俄国际经济走廊地形、土壤、植被格局特征

中蒙俄国际经济走廊土壤、植被、地形格局复杂，本章就中蒙俄国际经济走廊的地形、土壤、植被的格局与特征进行分析，分别描述地形格局按照海拔、坡度、起伏度及坡向的不同分级情况，土壤与植被类型及空间分布状况。

4.1 中蒙俄国际经济走廊地形格局

作为基础 DEM 的数据来源主要有三个：①GMTED 2010（分辨率 250m）（Danielson and Gesch，2011）；②SRTM3（分辨率 90m）（Bamler，1999）；③ASTER GDEMV2（分辨率 30m）。其中，GMTED 2010 和 ASTER GDEMV2 可以覆盖整个考察区，SRTM3 只能覆盖到 60°N 以南的区域。本研究首先利用 GMTED 2010（分辨率 250m）DEM 制作了全区 1∶100 万地势数据，在此基础上，制作了各地形要素图（坡度、坡向、地形起伏度），作为中蒙俄国际经济走廊地貌精细分类制图的基础指标。

4.1.1 海拔分级

中蒙俄国际经济走廊海拔范围为 –272～4390m（Yu et al.，2020），海拔分级情况见表 4-1。低海拔区域面积占中蒙俄国际经济走廊总面积的 74.76%，其中 200m 以下区域的面积最大，所占比例达到 32.59%。低海拔区域主要分布在中蒙俄国际经济走廊的西部和东部地区，主要包括中国境内的黑龙江、吉林和辽宁等省份，以及俄罗斯境内的贝加尔湖以西、外贝加尔边疆区以东的地区，蒙古国的东方省也以低海拔为主。其中，200m 以下的区域集中分布在中国和俄罗斯地势平坦的平原地区。中海拔区域面积占中蒙俄经济走廊总面积的 25.21%，主要分布在中国境内的内蒙古自治区南部、俄罗斯境内的图瓦共和国和布里亚特共和国，以及蒙古国境内的绝大多数地区。高海拔区域面积仅占中蒙俄经济走廊总面积的 0.03%，零散分布（图 4-1）。

表 4-1 考察区不同海拔面积构成

海拔分区	海拔分级/m	构成比例/%
低海拔区域	200 以下	32.59
	200～500	19.96
	500～800	13.36
	800～1000	8.85
中海拔区域	1000～3500	25.21
高海拔区域	3500～5000	0.03
合计		100

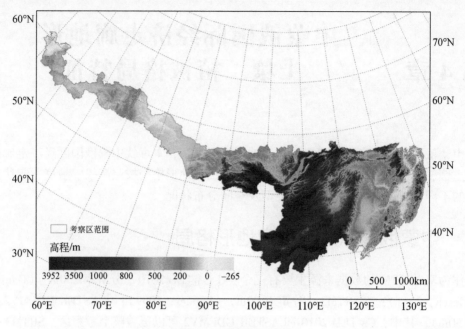

图 4-1 考察区地势

4.1.2 坡度分级

中蒙俄国际经济走廊坡度分级情况见表 4-2。平坡地面积占中蒙俄国际经济走廊总面积的 51.37%，主要分布在东北平原和西西伯利亚平原，涉及中国境内的黑龙江省、吉林省、辽宁省和内蒙古自治区，以及俄罗斯境内的犹太自治州、哈巴罗夫斯克边疆区、滨海边疆区、阿尔泰边疆区、新西伯利亚州、鄂木斯克州、秋明州，在蒙古高原、东欧平原也有广泛分布；较平坡地面积占 19.56%，缓坡地面积占 20.90%，分布比较广泛；较缓坡地面积占 5.98%，零散分布；陡坡地面积占 1.72%，极陡坡地面积占 0.47%，主要分布在南西伯利亚山地和远东山地（图 4-2）。

表 4-2 考察区不同坡度面积构成

坡度分类	坡度分级/(°)	构成比例/%
平坡地	0~2	51.37
较平坡地	2~5	19.56
缓坡地	5~15	20.90
较缓坡地	15~25	5.98
陡坡地	25~35	1.72
极陡坡地	35 以上	0.47
合计		100

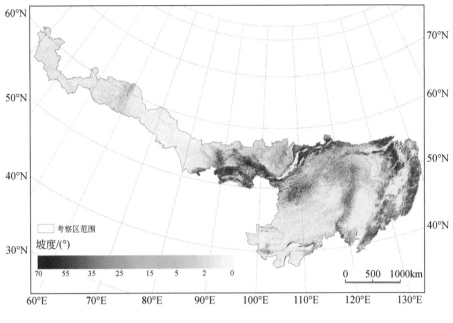

图 4-2　考察区坡度

4.1.3　起伏度分级

中蒙俄国际经济走廊起伏度分级情况见表4-3。平坦区域面积占中蒙俄国际经济走廊总面积的37.18%，主要分布在东北平原、西西伯利亚平原，在东欧平原和蒙古高原也有广泛分布；微起伏区域面积占20.31%，在乌拉尔山以西地区、蒙古高原以及中西伯利亚高原有较为广泛的分布；小起伏区域面积占25.32%，分布比较广泛，多分布在山地与平原的过渡地带；中起伏区域面积占15.66%，基本分布在中蒙俄国际经济走廊中东部的山地地区；大起伏区域面积占1.53%，零散分布（图4-3）。

表 4-3　考察区不同起伏度面积构成

起伏度分区	起伏度分级/m	构成比例/%
平坦区域	0~30	37.18
微起伏区域	30~70	20.31
小起伏区域	70~200	25.32
中起伏区域	200~500	15.66
大起伏区域	500~1000	1.53
极大起伏区域	1000~2500	—
合计		100

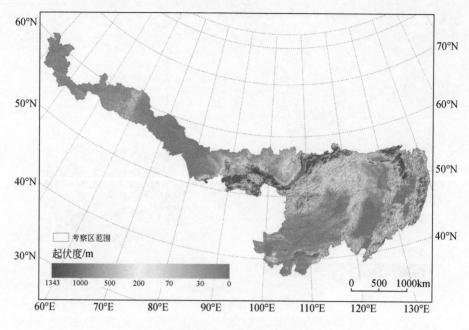

图 4-3　考察区地形起伏度

4.1.4　坡向分级

中蒙俄国际经济走廊的坡向以东向和西向为主，占总面积的比例分别为 15.28% 和 14.21%；其次是北向和南向，占总面积的比例分别为 11.70% 和 11.50%（图 4-4 和图 4-5）。

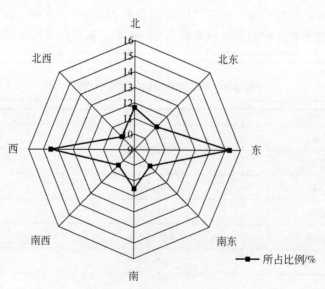

图 4-4　考察区坡向分级示意

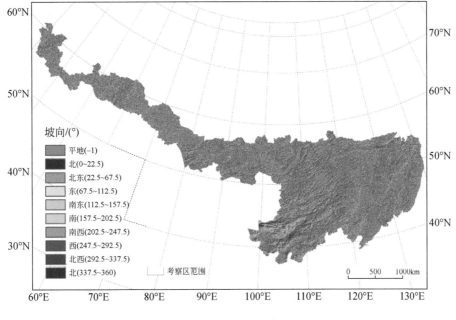

图 4-5　考察区坡向

4.2　中蒙俄国际经济走廊土壤、植被格局与特征

4.2.1　土壤格局与特征

为了充分利用各国、各地区的土壤调查资料，完成世界土壤图的编制，FAO 和联合国教育、科学及文化组织（United Nations Educational, Scientific and Cultrual Organization，UNESCO）与国际土壤学会（现为国际土壤科学联合会）合作，设计上图单元，同时进行区域性土壤调查与参比，在 1974 年发布了《世界土壤图图例系统》，并在 1988 年完成其修订版（*FAO-UNESCO World Soil Map：Revised Legend*）。由于这一图例系统类似美国土壤系统分类（ST），具有诊断层、诊断特性和检索系统，具备分类系统的功能，很多土壤学家用它对本国土壤进行分类、调查。按照 FAO 土壤分类系统，中蒙俄国际经济走廊土壤类型空间分布如图 4-6 所示，俄罗斯土壤分类单元的土类和土壤单元见表 4-4。

目前国际上许多土壤数据采用 FAO 世界土壤图例单元的分类，该分类的优点一方面体现了国际的比较，另一方面可以直接利用 FAO 提供的模型，从农业角度来研究生态农业分区、粮食安全和气候变化等。

按照 FAO 世界土壤图例单元的分类，中蒙俄国际经济走廊北部俄罗斯境内自东向西主要土壤类型为不饱和雏形土、铁质灰壤和饱和灰化土；中蒙俄国际经济走廊中部从俄罗斯的铁质灰壤分布区向南，经过蒙古国的山地黑土、棕壤、沙漠棕灰土，一直到中国境内的钙积土和栗钙土；中国境内钙积土和栗钙土以西的干旱区则有钙积石膏土和砂性土分布，向东则延伸到中国东北地区平原上的黑钙土和黑土，以及山地中的高活性淋溶土。除了这些主要土壤类型以外，各区域还夹杂其他复杂成土环境下发育的多种多样的非地带性土壤。

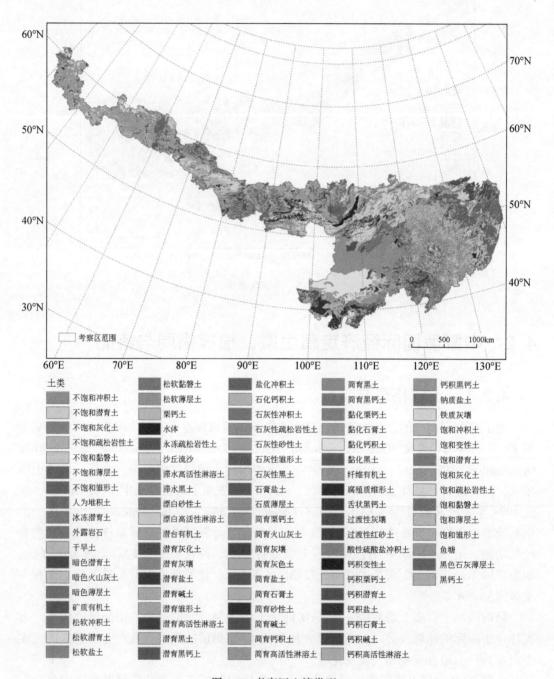

图 4-6　考察区土壤类型

表 4-4 中蒙俄国际经济走廊土壤按照 FAO 土壤分类单元的土类和土壤单元

土类	土壤单元	土类	土壤单元
薄层土	暗色薄层土	灰壤	过渡性灰壤
	饱和薄层土		简育灰壤
	不饱和薄层土		潜育灰壤
	黑色石灰薄层土		铁质灰壤
	石质薄层土	灰色土	简育灰色土
	松软薄层土	碱土	钙积碱土
变性土	饱和变性土		简育碱土
	钙积变性土		潜育碱土
冲积土	饱和冲积土	栗钙土	钙积栗钙土
	不饱和冲积土		简育栗钙土
	石灰性冲积土		黏化栗钙土
	松软冲积土	潜育土	暗色潜育土
	酸性硫酸盐冲积土		饱和潜育土
	盐化冲积土		冰冻潜育土
雏形土	饱和雏形土		不饱和潜育土
	不饱和雏形土		钙积潜育土
	腐殖质雏形土		松软潜育土
	潜育雏形土	人为土	干旱土
	石灰性雏形土		人为堆积土
钙积土	简育钙积土	砂性土	过渡性红砂土
	石化钙积土		简育砂性土
	黏化钙积土		漂白砂性土
高活性淋溶土	钙积高活性淋溶土		石灰性砂性土
	简育高活性淋溶土	石膏土	钙积石膏土
	漂白高活性淋溶土		简育石膏土
	潜育高活性淋溶土		黏化石膏土
	滞水高活性淋溶土	疏松岩性土	饱和疏松岩性土
黑钙土	钙积黑钙土		不饱和疏松岩性土
	简育黑钙土		石灰性疏松岩性土
	潜育黑钙土		永冻疏松岩性土
	舌状黑钙土	盐土	钙积盐土
	黏化栗钙土		简育盐土

土类	土壤单元	土类	土壤单元
黑土	简育黑土	盐土	钠质盐土
	潜育黑土		潜育盐土
	石灰性黑土		石膏盐土
	黏化黑土		松软盐土
	滞水黑土	有机土	潜育有机土
灰化土	饱和灰化土		纤维有机土
	不饱和灰化土		矿质有机土
	潜育灰化土	黏磐土	不饱和黏磐土
火山灰土	简育火山灰土		松软黏磐土
	暗色火山灰土		饱和黏磐土

4.2.2 植被格局与特征

植被是植被群落的整体，也是地球各区域中植物群的伴生。与植物区系相比，植被的特征不仅在于物种组成，还在于物种和植物的各种生命形式的丰富性与组合，以及它们的空间结构和动力学。植被是生物圈中最重要的组成部分，与气候、水文、土壤、地貌和动物生活密切相关。中蒙俄国际经济走廊植被空间分布如图4-7所示。

在俄罗斯南部地区，主要植被类型为泰加林。俄罗斯欧洲部分主要为云杉和松树群落。位于西西伯利亚的群落主要由云杉和西伯利亚落叶松组成，西伯利亚落叶松主要分布在该区的东部。俄罗斯欧洲针叶林群落以云杉和云杉/松林为主；西西伯利亚以云杉/西伯利亚落叶松林为主；中西伯利亚和东西伯利亚以云杉/落叶松及落叶松为主。鄂毕–额尔齐斯河间地区有相当一部分被次生白杨/白桦林占据。针叶林南部的群落由云杉组成。流域覆盖着松树泥炭、少营养泥炭和中营养/富营养沼泽。落叶松和西伯利亚落叶松是西伯利亚大陆地区山区森林的典型代表。

南部泰加林区以针阔混交林为代表，植物区系组成丰富，乔木层结构复杂。该区域西部的森林以松树/阔叶林群落为代表。在西西伯利亚，南部泰加林主要是具有丰富的草地覆盖的白桦林。

阔叶林（温带植被型）在俄罗斯欧洲部分和远东地区均有分布。西伯利亚南部山区（阿勒泰）库兹巴斯基阿拉陶的小斑块，主要由椴树组成。阿尔泰山脉和西伯利亚的山区森林，由冷杉、高草和复种植物组成，但缺少属于这一类型的针叶灌木与苔藓。橡树、椴树和榉树（在西部地区）是俄罗斯欧洲部分阔叶林群落的主要物种。在北部草原地带，沿着河流和峡谷的山谷，橡树林十分丰富。

草地草原和草原草甸是俄罗斯欧洲部分与西西伯利亚北部草原带的典型代表。干旱的丛生草本植物群落代表着真正的草原。它们延伸到南乌拉尔以东，进一步延伸到南乌拉尔（位于乌拉尔山脉以南的地区）。干"真"草原位于西伯利亚中部的山间盆地（米努辛斯克、叶尼塞斯克–丘柳姆斯克等）、外贝加尔、图瓦、南阿尔泰和普里汉卡伊斯卡娅平原。在图瓦、阿尔泰东南部和俄罗斯的欧洲部分，荒漠草原占据了叶尔盖尼高地上相对较小的区域。

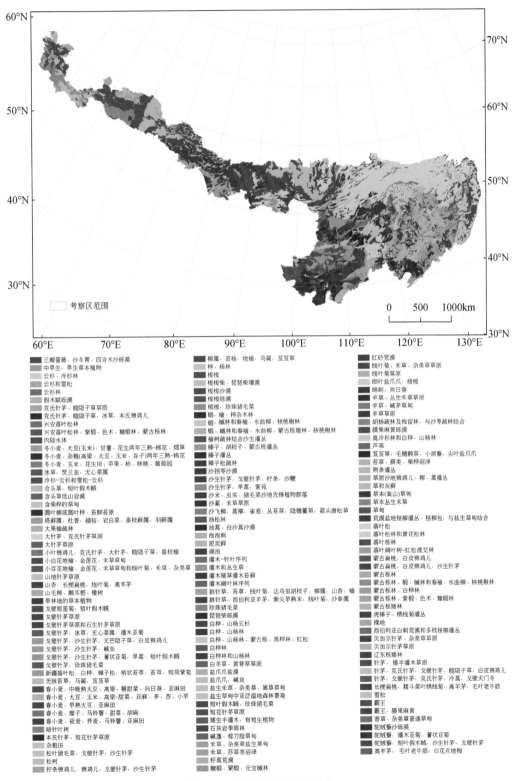

图 4-7　考察区植被空间分布

　　蒙古国植被受气候、地形等自然地理条件的影响，种类成分、生活形态、起源、生长发育、生态具有其独特性。蒙古国植物由泰加林、中亚植物的绝大部分代表性植物组成。蒙古国植被带的特点是由北向南依照世界植被分区的纬度气候条件更替为三大基本地带，即森林带、草原带、荒漠带。这三大植被地带彼此逐渐过渡或交错，而形成若干条植被带和植被亚带。蒙古国的自然带依据植物地理分类分为高山带、山地泰加林带、山地森林草原带、干草原带、荒漠草原带、荒漠带。非地带性植被带主要包括草甸、沼泽、绿洲、河谷灌木林、河滩草甸、芨芨草洼地，植被以湿生丛生禾草、杂类草居多，除蒙古国高山带、山地泰加林带以外，其他全部植被带均有分布。

第5章 中蒙俄国际经济走廊土地利用特征与分布格局

在中蒙俄国际经济走廊开展土地利用特征与分布格局研究和对比分析,对于本区域生态安全、资源开发利用和区域可持续发展等具有重要的理论与实践意义。本章分别从土地利用/覆被格局与特征、数量结构特征和土地利用空间格局三方面进行研究与分析。

5.1 土地利用/覆被格局与特征

MCD12Q1 是基于 MODIS 的一套年度土地覆被数据,数据集(2001~2019 年)包含了 17 个主要土地覆盖类型,根据 IGBP,其中包括 11 个自然植被类型。3 个土地开发和镶嵌的地类及 3 个非草木土地类型定义类,数据类型是 8 位无符号整型、有效值范围为 1~17,255 是填充值。该数据集基于计算机决策树分类,因此其分类结果在某些区域上与实际的土地利用/覆被状态存在较大差异性。采用 Google Earth 更高精度的遥感数据验证该数据,表明数据集在黑龙江流域的数据总体精度不足 80%。该数据对于环境研究、生态模型、气候模拟及土地管理决策等领域都非常有用,常用于分析和监测全球土地利用变化、生态系统的健康状况以及人类活动对地表覆盖的影响。

首先,我们基于 MODIS 土地利用/覆被数据(MOD12Q1),IGBP 土地利用/覆被分类系统,生成了研究区 1:100 万土地利用/覆被数据集(图 5-1)。

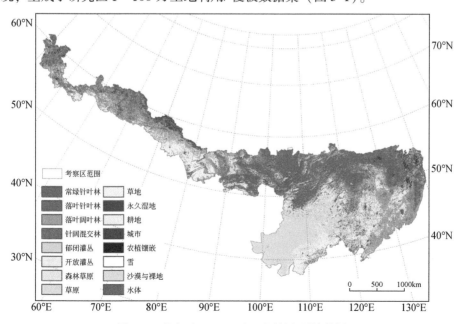

图 5-1 考察区 1:100 万土地利用/覆被数据

由于 MODIS 数据精度不高，并不能很好地反映该区域土地利用的特征，需要结合中国、俄罗斯和蒙古国三国的土地利用特点设置适宜于该区域的土地利用分类系统。中蒙俄国际经济走廊考察区土地利用/覆被分类系统见表 5-1。

表 5-1　考察区土地利用/覆被分类系统

类型	编码	描述
常绿针叶林	1	描述：覆盖度>60%和高度超过2m，且常年绿色，针状叶片的乔木林地。 区别与联系：与IGBP及2015年土地覆被分类系统相同
常绿阔叶林	2	描述：覆盖度>60%和高度超过2m，且常年绿色，具有较宽叶片的乔木林地。 区别与联系：与IGBP及2015年土地覆被分类系统相同
落叶针叶林	3	描述：覆盖度>60%和高度超过2m，且有一定的落叶周期，针状叶片的乔木林地。 区别与联系：与IGBP及2015年土地覆被分类系统相同
落叶阔叶林	4	描述：覆盖度>60%和高度超过2m，且有一定的落叶周期，具有较宽叶片的乔木林地。 区别与联系：与IGBP及2015年土地覆被分类系统相同
针阔混交林	5	描述：前四种森林类型的镶嵌体，且每种类型的覆盖度不超过60%。 区别与联系：与IGBP及2015年土地覆被分类系统相同
灌丛	6	描述：木本植被，高度在0.3~5m。 区别与联系：与2015年土地覆被分类系统相同，将IGBP的郁闭灌木林和稀疏灌木林合并
草地	7	描述：草本植被，灌木或林地的覆盖度<10%。 区别与联系：与IGBP的草地类型相同，且与2015年分类系统的一级类草地相同，将2015年分类系统中的草原、草丛、草甸、灌丛草地不再细分
水田	8	描述：有水源保证和灌溉设施的耕地。 区别与联系：与2015年土地分类系统中的水田一致，同时将IGBP的耕地类型细分成旱地和水田
旱地	9	描述：雨养农田。 区别与联系：与2015年土地分类系统中的旱地一致，同时将IGBP的耕地类型细分成旱地和水田
沼泽	10	描述：指周期性被水淹没的草本或木本覆盖的潮湿平缓地带。 区别与联系：与IGBP的永久沼泽一致，且与2015年分类系统的湿地一致，不再细分为近海湿地和沼泽
河流	11	描述：地表由自然或人工河流覆盖。 区别与联系：与2015年土地分类系统中的河流类型一致，将IGBP的水体细分出河流
湖泊、水库	12	描述：指地表相对封闭可蓄水的天然及人工洼地及其所承载的水体。 区别与联系：将2015年分类系统的湖泊和水库类型合并，将IGBP分类系统的水体细分出湖泊、水库
建设用地	13	描述：被建筑物覆盖的土地类型，包括城镇、居民点和工矿用地。 区别与联系：与IGBP的建设用地相同，对2015年分类系统的城镇、居民点和工矿和交通用地不再细分

续表

类型	编码	描述
裸地	14	描述：指裸地、沙地、岩石，植被覆盖度不超过 10%。 区别与联系：与 IGBP 中的裸地相同，对 2015 年分类系统中的裸地、沙地进行合并
冰川积雪	15	描述：常年积雪或冰川覆盖的土地类型。 区别与联系：与 IGBP 和 2015 年分类系统中的冰川积雪相同
工矿用地	16	描述：指工业、采矿、仓储业等工业生产及附属设施的用地。 区别与联系：与 2015 年分类系统中的工矿用地相同，IGBP 无此类型
河湖滩地	17	描述：指河湖边淤积成的平地，是水陆过渡的地带，主要有沙洲、滩头、滩涂、河滩、湖滩等。 区别与联系：与 2015 年分类系统中的河湖滩地相同，IGBP 无此类型
裸岩	18	描述：地表以岩石或石砾为主、植被覆盖度在 5% 以下的裸露石山等无植被地段。 区别与联系：与 2015 年分类系统中的裸岩相同，IGBP 无此类型

　　该分类系统结合了 IGBP 分类系统和国家地球系统科学数据中心共享平台土地覆被分类系统，形成了跨国跨地区的土地利用分类系统。我们基于中蒙俄国际经济走廊土地利用/覆被分类系统，采用美国 Landsat 8 遥感图像数据作为主要数据源，在 Google Earth 高分辨率米级图像支持下，充分利用中蒙俄野外考察拍摄的上万张照片和视频录像（参见本书附录），采用人机交互解译的方法得到考察区 1∶50 万和重点城镇 1∶10 万土地利用/覆被数据集。该数据集已经经过反复检查，保证数据无拓扑错误（图 5-2）。

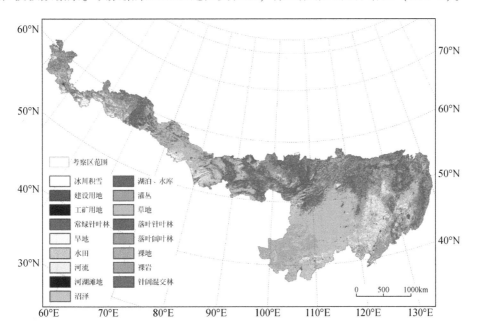

图 5-2　考察区 1∶50 万土地利用/覆被空间分布

中蒙俄国际经济走廊土地利用/覆被分布具有明显的经向地带性和纬向地带性，从东到西呈现出"林地—耕地—灌丛与草地—裸地—灌丛与草地—耕地—林地"不断变化的分布格局，从北向南为"林地—灌丛与草地—裸地"的分布格局。从研究区土地利用的空间分布来看，主要土地利用类型为林地、草地和耕地，林地主要分布在中蒙俄国际经济走廊高纬度地区的亚寒带针叶林及其东部地区温带混交林，包括远东山地、东欧平原和中西伯利亚高原；草地主要分布在中蒙俄国际经济走廊地区中部的温带草原带的森林草原及蒙古高原中部和东部的温带草原带的草地，以及俄罗斯部分的西部；耕地主要位于中蒙俄国际经济走廊考察区南部地势平坦的松嫩平原、三江平原和辽河平原。其中，俄罗斯以森林与草地为主，中国以耕地与森林为主，蒙古国以草地与荒漠为主。

5.2 土地利用/覆被数量结构特征

土地利用/覆被结构指一定范围内的各种用地之间的比例关系或组成情况，反映了区域土地资源的利用特点和优劣势，对其农业的可持续发展具有深刻的影响，适宜的土地利用/覆被结构是保证生态安全和粮食安全的关键。

在 GIS 环境下，把获取的中蒙俄土地利用/覆被图与中蒙俄国际经济走廊生态地理区域区划图叠加，并在此基础上统计各国各区域主要土地利用/覆被类型的面积（表5-2）。

表 5-2 考察区土地利用/覆被类型概况

区域	耕地		林地		草地		水域		城乡、工矿居民用地		未利用土地	
	面积/万 km²	占区域比例/%	面积/万 km²	占区域比例/%	面积/万 km²	占区域比例/%	面积/万 km²	占区域比例/%	面积/万 km²	占区域比例/%	面积/万 km²	占区域比例/%
俄罗斯平原	15.94	23.03	47.33	68.40	2.05	2.96	1.22	1.76	0.62	0.90	2.04	2.95
西西伯利亚平原	1.44	4.09	19.88	56.46	4.14	11.76	0.64	1.82	0.48	1.36	8.63	24.51
中西伯利亚高原	12.22	5.55	127.78	58.03	49.25	22.37	6.40	2.91	1.65	0.75	22.88	10.39
俄罗斯远东	2.63	2.58	72.00	70.67	11.80	11.58	1.79	1.76	0.49	0.48	13.17	12.93
中国东北三省和内蒙古地区	46.22	23.91	51.23	26.50	53.69	27.78	3.25	1.68	4.82	2.49	34.07	17.64
蒙古国东部地区	0.91	1.19	5.22	6.83	41.71	54.54	0.37	0.48	0.12	0.16	28.14	36.80
考察区（总）	79.36	11.39	323.44	46.46	162.64	23.36	13.67	1.96	8.18	1.17	108.95	15.65

从统计结果来看，中蒙俄国际经济走廊生态地理区域林地面积 323.44 万 km²，占全区域土地面积的 46.46%；草地面积 162.64 万 km²，占全区域土地面积的 23.36%；

未利用土地面积108.95万 km^2，占全区域土地面积的15.65%；耕地面积79.36万 km^2，占全区域面积的11.39%，可见中蒙俄国际经济走廊生态地理区域土地利用/覆被总体特征是以林地为主，几乎占据一半区域，其次是草地、未利用土地和耕地。其中，俄罗斯平原、西西伯利亚平原、中西伯利亚高原、俄罗斯远东地区土地利用/覆被以林地为主，且林地面积所占的比例远远大于其他类型土地面积所占的比例，分别为68.40%、56.46%、58.03%、70.67%；而中国东北三省及内蒙古地区耕地、草地、林地分布均衡，分别占比为23.91%、27.78%、26.50%；但蒙古国东部地区与其他地区土地类型分布有所不同，草地面积所占的比例远远大于其他类型土地面积所占的比例，草地面积占比达到54.54%，其次是未利用土地，占比为36.80%。下面对每种土地类型进行展开统计、分析与说明。

1）从林地构成（表5-3）来看，俄罗斯平原林地分布类型主要是落叶阔叶林、常绿针叶林和针阔混交林；西西伯利亚平原和中西伯利亚高原林地分布类型主要是常绿针叶林和落叶针叶林；中国地区林地类型大多为落叶阔叶林；蒙古国东部地区只有少量的林地分布。

表5-3 考察区林地构成

区域	常绿针叶林		落叶针叶林		落叶阔叶林		针阔混交林		灌丛	
	面积/万 km^2	占区域比例/%	面积/万 km^2	占区域比例/%	面积/万 km^2	占区域比例/%	面积/万 km^2	占区域比例/%	面积/万 km^2	占区域比例/%
俄罗斯平原	10.49	15.16	0.58	0.84	21	30.35	15.25	22.04	0.01	0.01
西西伯利亚平原	10.95	31.10	8.31	23.60	0.58	1.65	0.04	0.11	0.0019	0.01
中西伯利亚高原	55.7	25.30	49.34	22.41	18.64	8.47	4.1	1.86	0.001	0.0005
俄罗斯远东	13.39	13.14	30.03	29.48	18.92	18.57	9.66	9.48	0.001	0.001
中国东北三省和内蒙古地区	1.88	0.97	10.75	5.56	27.98	14.47	8.15	4.22	2.47	1.28
蒙古国东部地区	0.003	0.0039	1.53	2.00	0.0002	0.0003	2.11	2.76	1.58	2.07

2）从耕地构成（表5-4）来看，俄罗斯平原、西西伯利亚平原、中西伯利亚高原和蒙古国东部地区耕地类型只有旱地，没有水田分布，旱地面积占各地区区域面积的比例分别为23.03%、4.09%、5.55%、1.19%。而中国东北三省和内蒙古地区旱地占该区域面积的20.62%，水田占该区域面积的3.29%。其中，东北三省水稻种植集中分布在西北部、中部和南部的平原地区，主要种植区为三江平原、松嫩平原、辽河平原，基本沿松花江、辽河分布。黑龙江省水稻种植主要分布在东北部的鹤岗市、佳木斯市、双鸭山市、鸡西市；吉林省水稻种植主要分布在松嫩平原的东南部；辽宁省水稻种植主要沿辽河和鸭绿江分布，集中在辽河平原的盘锦市、辽阳市、丹东市东南部区域。这些种植区水资源充足，地势较为平坦，适合机械化作业，水稻分布较为集中，形成了"连片式"的种植模式。

表5-4　考察区耕地构成

区域	旱地		水田	
	面积/万 km²	占区域比例/%	面积/万 km²	占区域比例/%
俄罗斯平原	15.94	23.03	—	—
西西伯利亚平原	1.44	4.09	—	—
中西伯利亚高原	12.22	5.55	—	—
俄罗斯远东	2.63	2.58	0.002	0.002
中国东北三省和内蒙古地区	39.86	20.62	6.36	3.29
蒙古国东部地区	0.91	1.19	—	—

3）从未利用土地构成（表5-5）来看，蒙古国东部地区未利用土地类型以裸地为主，其分布比较集中，主要分布在蒙古国南部和西部。裸土地主要包括裸地、沙地和沙漠，裸地主要分布在巴彦乌列盖省、科布多省、戈壁阿尔泰省、南戈壁省、东戈壁省、中戈壁省等干旱地区；沙地集中分布在东戈壁省；沙漠则主要分布在戈壁阿尔泰省和扎布汗省。西西伯利亚平原未利用土地类型主要为沼泽，主要是瓦休甘泥炭沼泽，其泥炭覆盖率高达70%～80%，泥炭储量为 1.43×10^{10} t，是全球泥炭化程度最高、泥炭储量最丰富及贫营养沼泽最发育地区，位于俄罗斯西西伯利亚平原南部、额尔齐斯河同鄂毕河之间。其中，贫营养泥炭沼泽在该区占有统治地位，主要分布在平坦分水岭顶部，形成垄岗-湿洼地-小湖复合体。此外，中营养泥炭沼泽主要分布在贫营养沼泽与沼泽化森林之间，或贫营养沼泽与富营养沼泽之间；富营养泥炭沼泽主要分布在河谷地带，沿河两岸呈狭长带状分布。中国地区未利用土地类型主要为裸地。冰川积雪只在中西伯利亚高原有少量的分布，包括狭窄的刃脊、冰斗和各种冰川地貌。

表5-5　考察区未利用地构成

区域	沼泽		裸地		冰川积雪		裸岩	
	面积/万 km²	占区域比例/%	面积/万 km²	占区域比例/%	面积/万 km²	占区域比例/%	面积/万 km²	占区域比例/%
俄罗斯平原	1.91	2.76	0.12	0.17	—	—	0.01	0.01
西西伯利亚平原	8.48	24.08	0.12	0.34	—	—	0.03	0.09
中西伯利亚高原	10.12	4.60	12.72	5.78	0.001	0.0005	0.04	0.02
俄罗斯远东	9.16	8.99	4.01	3.94	—	—	—	—
中国东北三省和内蒙古地区	8.21	4.25	21.38	11.06	—	—	4.50	2.33
蒙古国东部地区	3.13	4.09	25.01	32.71	—	—	0.001	0.001

4）图5-3为中蒙俄国际经济走廊考察区草地土地类型分布情况，草地大多分布在蒙古国东部、中国内蒙古地区及俄罗斯中西伯利亚高原。蒙古国东部和中国内蒙古地区都位于蒙古高原区域，该区域降水量从北向南、从东向西减少，使得三种草原类型也呈现规律化分布，草甸草原分布在蒙古高原的北部和东部，形成一个弧形；随着草原向欧亚大陆内陆延伸，草甸草原逐渐过渡到典型草原、荒漠草原，并最终过渡到荒漠地区。

中西伯利亚高原草地包括森林草原和无树草原。

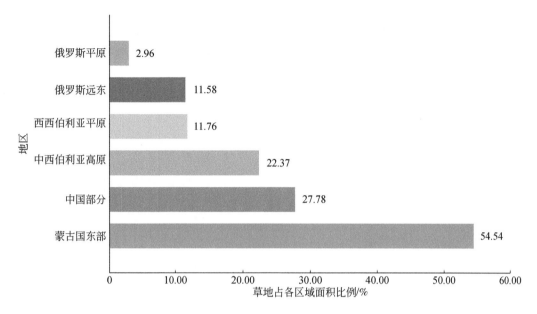

图 5-3　考察区草地土地类型分布比例

5.3　土地利用空间格局

从中蒙俄国际经济走廊生态地理区域土地利用现状（图 5-4）来看，整个区域地表景观以林地为主，其次是草地、耕地和未利用土地。而中国东北地区耕地主要分布于松辽平原、三江平原及辽西山地丘陵，平原旱地占绝对优势。蒙古国东部地区草地占该区域面积的 54% 以上，裸地占该区域面积的近 33%。

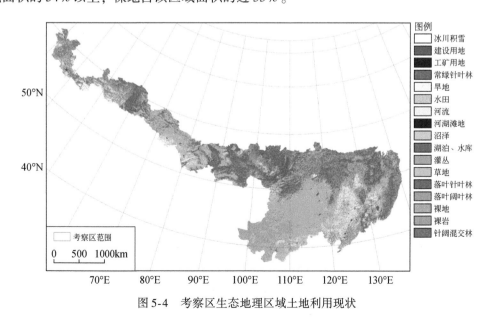

图 5-4　考察区生态地理区域土地利用现状

1）从俄罗斯平原土地利用现状（图5-5）来看，俄罗斯平原主要分布的土地类型为林地和耕地。林地占区域面积的68%以上，以落叶阔叶林、针阔混交林和常绿针叶林为主。俄罗斯平原中部的植被类型以及由北部针叶林向南部的阔叶林过渡，属于针叶林与阔叶林的过渡区，其生物多样性比相邻群落生态系统（如针叶林和阔叶林）更加丰富。俄罗斯平原耕地占区域面积的23%，耕地类型全部为旱地，没有水田，平原旱地占绝对优势。

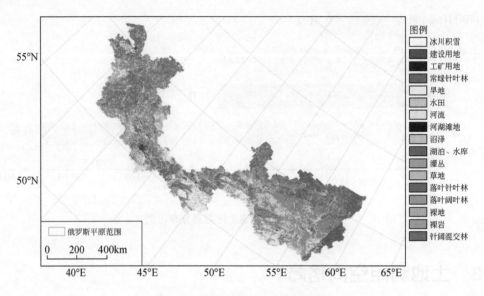

图5-5　俄罗斯平原土地利用现状

2）从西西伯利亚平原土地利用现状（图5-6）不难看出，西西伯利亚平原主要土地类型是林地和未利用土地。其中，林地占区域面积的56%以上，以常绿针叶林和落叶针叶林为主。西西伯利亚平原是亚洲最大的平原，平原地势南高北低，河流大都从南往北流入北冰洋，其北部有大片未利用土地类型，基本为沼泽。西西伯利亚平原沼泽广布，主要有以下几种原因：首先，西西伯利亚平原三面被各种高地所包围，其地形近似一个大号的盆地，四周大量的水都汇集平原之上，加上整个平原地势低平，水流动速度慢，不易排出，形成数量众多，面积大小不一的积水区。其次，西西伯利亚平原位于55°N以上纬度较高的地区，北极圈从平原北部穿过，太阳辐射弱，整个平原年平均气温不到0℃，平原南部稍好点，年平均气温也只有5℃左右，较低的气温使滞留于平原的大量积水不易被蒸发掉。再次，整个西西伯利亚平原下面存在一个巨大的冻土层，冻土的厚度从几十米到上千米不等，零下几十摄氏度的冻土其坚固程度和混凝土差不多，这相当于在平原底下砌了一个巨大的隔水层，有效地阻止平原上的水向地下渗透，只要是低洼的地方就会积水成沼。值得注意的是，每年入冬或开春时，由于西西伯利亚平原低纬的地方气温较高，河水没有结冰，而高纬的地方气温较低，河流处于封冻状态，从而导致上游来水受阻漫出堤岸，形成凌汛，两岸大片土地被淹没变成沼泽，西西伯利亚平原成为世界上河流凌汛现象最典型的地方。最后，树木的吸水作用，也会导致大量水向树木根系附近汇集，从而使森林下面的土壤含有丰富的地下水。我们在实际生活中常常发现树下的土壤比较潮湿就是这个原因。西伯利亚平原上分布着大面积的森林，也是平原广布沼泽的原因。

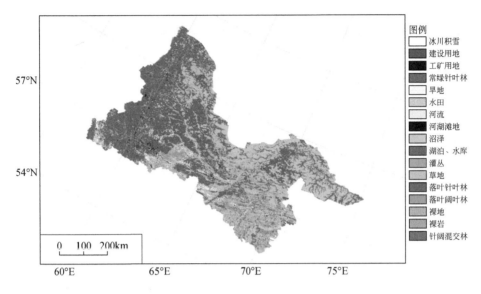

图 5-6　西西伯利亚平原土地利用现状

3）从中西伯利亚高原土地利用现状（图 5-7）可以看出，中西伯利亚高原主要土地类型为林地和草地。其中，林地在该区域的面积约为 128 万 km²，草地面积约为 49 万 km²，旱地面积约为 12 万 km²，水域面积约为 6 万 km²，未利用土地面积约为 23 万 km²。其中未利用土地主要分布的是沼泽及裸地。

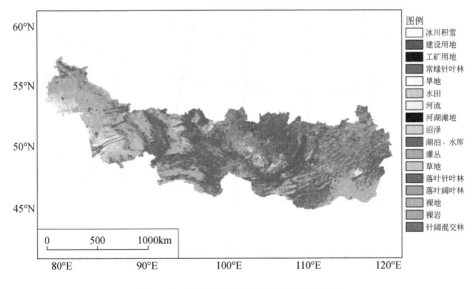

图 5-7　中西伯利亚高原土地利用现状

4）从俄罗斯远东地区土地利用现状（图 5-8）来看，俄罗斯远东地区主要的土地类型为林地、草地及未利用土地。其中，林地占该区域面积的比例远远大于其他类型土地，这主要是由于该区域气候寒冷，冻土广阔，多为山地丘陵，平原比例较低，耕地非常有限，森林资源极其丰富，以寒带亚寒带针叶林为主。林地占该区域面积的70.67%，草地占该区域面积的11.58%，未利用土地占该区域面积的12.93%，其中未利用土地主要为沼泽和裸地。旱地及水域仅占该区域面积的2.58%和1.76%。值得注意的是，俄罗斯远东地区旱地主要分布在阿穆尔州，该区域是俄罗斯远东的农业基地。这主要是因为阿穆尔州具有四大优势。第一，气候优势。阿穆尔州位于俄罗斯东南部，是俄罗斯远东纬度比较低的州之一。阿穆尔州属于温带季风气候区，1月平均气温为−27.6℃，7月平均气温为20.7℃，年降水量约为850mm，全年多晴朗天气，光照比较充足。第二，水资源优势。丰富的淡水资源是农业发展的重要基础。阿穆尔州的年降水量并不高，但河流众多，境内淡水资源非常丰富，有大型河流阿穆尔河（黑龙江）、结雅河和布列亚河。除了这三条大型河流，阿穆尔州还有两千多条中小型河流。第三，地形优势。阿穆尔州总面积约为36.19万 km²，其中部为结雅−布列亚平原，约占阿穆尔州总面积的40%。结雅−布列亚平原由结雅河、布列亚河冲积形成，地形平坦，土地肥沃，土壤种类和我国黑龙江省类似，都是肥沃的黑土地。黑土地性状好，肥力高，同等条件的粮食产量远高于普通土壤。第四，农业发展。在俄罗斯远东范围内，阿穆尔州非常适合农业发展。从纬度来看，符拉迪沃斯托克（海参崴）所在的滨海边疆区纬度更低，拥有气候优势，但滨海边疆区大部分地区为山地，农业条件比不上阿穆尔州。阿穆尔州广泛种植小麦、大豆、玉米等作物，其小麦产量达到了俄罗斯远东小麦总产量的1/3，大豆产量达到了俄罗斯远东大豆总产量的3/4。

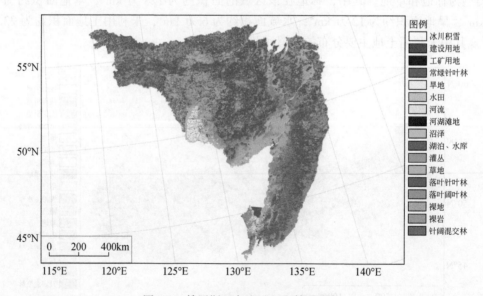

图 5-8　俄罗斯远东地区土地利用现状

　　5）从中国东北三省及内蒙古地区土地利用现状（图5-9）可以看出，中国东北三省及内蒙古地区耕地、林地、草地分布均衡。中国东北三省地区地表景观以林地和耕地为主，耕地主要分布在松辽平原、三江平原及辽西山地丘陵。平原旱地占绝对优势。值得注意的是，东北三省盛产春小麦、玉米、大豆、水稻等，是我国机械化程度最高、提供商品粮最多的粮食生产基地。东北三省之所以成为提供商品粮最多的粮食生产基地，一方面是因为该区域地形平坦，平原开阔，适宜大规模的机械化耕作；气候雨热同期，有利于农作物的正常生长，减少病虫害少；黑土广布，土壤肥沃，提供充足的灌溉水源等。另一方面是因为工业基础好，交通发达，为大规模机械化经营提供了有利条件；开发较晚，人口密度较低，有利于粮食商品化。东北地区著名的商品粮基地有三江平原和松嫩平原。其中，三江平原位于黑龙江省东部，由黑龙江、乌苏里江和松花江三条大江冲积而成，这里纬度较高，但夏季温暖，雨热同期，适于农作物（尤其是优质水稻和高油大豆）的生长，农业生产规模巨大，农业机械化程度很高。松嫩平原位于黑龙江省西南部，主要由松花江和嫩江冲积而成，土质肥沃，水源丰富，盛产大豆、小麦、玉米、甜菜、亚麻、马铃薯等。而中国内蒙古地区地表景观以草地及未利用土地中的裸地为主，旱地在中间区域也有少量分布。内蒙古自治区横跨我国东北、华北和西北地区，从 97°E 起至 126°E，横跨近 29 个经度，是我国跨度最广的省份之一，同时又地处中纬度地区，地形上也是以高原地形为主，相对均一，使得干湿度地带分异表现很明显。因此，受降水的影响，内蒙古自治区的植被（自然带）景观自东向西发生变化。内蒙古自治区东部大兴安岭地区，距海相对较近，降水较多，属于季风气候，自然带以温带落叶阔叶林带和亚寒带针叶林带等森林自然带为主，是国家重要的森林基地之一。从大兴安岭地区往西，随着越往内陆，降水逐渐减少，植被逐渐过渡到草原，以温带草原带为主，主要的草原有呼伦贝尔、锡林郭勒、科尔沁、乌兰察布、鄂尔多斯和乌拉盖等。再往内蒙古自治区的西部走，随着距海越来越远，降水进一步减少，逐渐过渡到半干旱和干旱区，陆地自然带也逐渐过渡到荒漠自然带，主要是温带荒漠带。内蒙古自治区主要的沙漠包括巴丹吉林沙漠、腾格里沙漠、巴音温都尔沙漠、乌兰布和沙漠和库布齐沙漠。

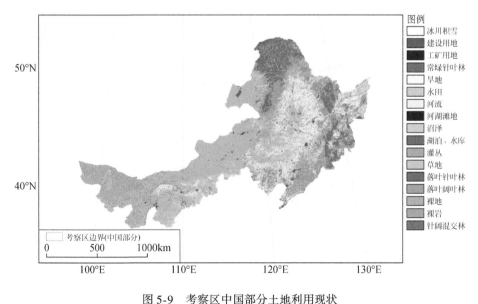

图 5-9　考察区中国部分土地利用现状

6）从蒙古国东部地区土地利用现状（图 5-10）来看，蒙古国东部地区地表景观以草地及裸地为主。其中,草地约占该区域面积的 54%,裸地占该区域面积的近 33%。蒙古国东部地区整体呈现为温带大陆性气候,由北往南,温度逐渐升高,地貌特征逐步由草原过渡到戈壁荒漠甚至沙漠地带。

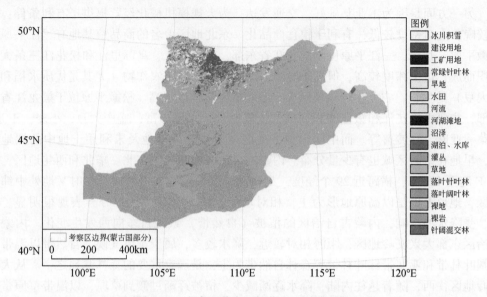

图 5-10 考察区蒙古国部分土地利用现状

第6章　中蒙俄国际经济走廊水资源格局特征

中蒙俄国际经济走廊是一个重要的区域合作平台，它连接了中国、蒙古国和俄罗斯三国。其位于东北亚地区，连接了东亚和欧洲，具有显著的地理优势。它横跨中国东北及华北沿边境地区，是连接蒙古国、俄罗斯东西伯利亚和远东南部的狭长区域，区域总面积约为 920 万 km²。具体行政区包括中国的黑龙江省、吉林省、辽宁省和内蒙古自治区，蒙古国的中央省、色楞格省、中戈壁省、南戈壁省、东方省、东戈壁省、肯特省、苏赫巴托尔省，俄罗斯 19 个边疆区（共和国、州、市），包括远东联邦区的滨海边疆区、哈巴罗夫斯克边疆区、犹太自治州、阿穆尔州，西伯利亚联邦区的外贝加尔边疆区、布里亚特共和国、伊尔库茨克州、克拉斯诺亚尔斯克边疆区南部、图瓦共和国、阿尔泰边疆区、新西伯利亚州、鄂木斯克州，乌拉尔联邦区的秋明州、斯维尔德洛夫斯克州、彼尔姆边疆区、基洛夫州、鞑靼斯坦共和国、莫斯科市、圣彼得堡市。

中蒙俄国际经济走廊区域地形多样，从中国的东部平原到蒙古国的高原，再到俄罗斯的西伯利亚地区，地形从平原逐渐过渡到高原和山地。走廊区域内的气候类型多样，从温带季风气候到大陆性气候，再到亚寒带气候。区域内拥有丰富的自然资源，包括矿产资源、森林资源及农业用地。由于地理和气候的多样性，该区域拥有丰富的生态系统类型和生物多样性，包含森林、草原、沙漠、湿地等多种生态系统。区域内具有丰富的水资源，有众多河流和湖泊，但水资源空间分布极度不平衡，且存在中纬度水文干旱与中高纬度洪涝、地表水水质恶化、跨境水资源纠纷等多重问题。

水资源是基础性和战略性的资源，淡水资源短缺及水资源安全问题是 21 世纪全球面临的重要挑战之一。自 20 世纪 50 年代起，北半球多地普遍存在水资源短缺问题。2019 年《联合国世界水发展报告》指出，2050 年全球用水量将比目前增加 20%～30%，危及 20 多亿人口的生产与生活。了解中蒙俄国际经济走廊水资源的空间分布格局有助于制定有效的水资源管理策略，确保水资源的可持续利用。同时，水资源也是经济发展的基础，了解走廊水内水资源特征有助于制定支持经济发展的水政策和投资决策，促进跨境水资源的合理分配和国际合作（杨艳昭等，2019；刘振伟和陈少辉，2020）。

本章从中蒙俄国际经济走廊水系与水资源空间分布特征角度入手，通过野外实地调查和文献调查，获取了中蒙俄国际经济走廊水文、水资源的样点调查数据；利用卫星遥感影像，勾画出研究区水系的空间分布。再利用地理信息系统相关技术手段，将样点调查数据扩展到全调查区，最后得到中蒙俄国际经济走廊水资源空间格局。本章定量揭示了中蒙俄国际经济走廊水资源的资源禀赋、空间分布及特征，揭示了中蒙俄国际经济走廊重点区水系与水资源空间格局，以期为沿线国家实现水资源合理开发利用提供科学依据和决策参考。

6.1　水资源与水系野外科学考察与取样

为充分了解中蒙俄国际经济走廊水系与水资源的资源禀赋及其特征，我们在2017～2019年对中蒙俄国际经济走廊进行了5次野外科学考察与取样。第一次考察的野外考察路线包括乌兰乌德—赤塔—涅尔琴斯克（尼布楚）。通过野外考察，了解了俄罗斯西伯利亚东部地区布里亚特共和国和外贝加尔边疆区水文地理条件，并在野外原位测定了主要河流、湖泊等地表水体物理及简易水化学指标（温度、电导率、溶解性固体总量等），采集了地表水体和河床沉积物（底泥）样品，并进行室内水化学与土壤化学分析。第二次考察路线包括俄罗斯符拉迪沃斯托克（海参崴）—哈巴罗夫斯克（伯力）—布拉戈维申斯克（海兰泡）—黑河。此次考察期间，走访了俄罗斯科学院远东分院太平洋地理研究所（符拉迪沃斯托克（海参崴））、俄罗斯科学院远东分院水与生态问题研究所（哈巴罗夫斯克（伯力））等。第三次在伊尔库茨克考察，并采集了地表水样，水样涵盖了西伯利亚地区主要河流水系。西伯利亚的水资源主要集中在各大河流、水库和湖泊之中，通过分析这些水样水质，能够了解西伯利亚地区水资源变化情况。初步分析显示，西伯利亚地区河流普遍为中性，氮化物、氟化物和重金属含量较少，水质较好。第四次考察收集了蒙古国的水资源数据和蒙古国水资源相关图集，并采集了水资源样品。通过对水资源样品初步分析发现，蒙古国东部地区咸水湖重金属含量较少，对牲畜无害。克鲁伦河上游水质较好，下游硫化物增加较多，但整体污染变化较小，居民生产生活对河流影响较小。第五次考察在蒙古国，沿蒙古国中西部图拉河、额吉湖、库苏古尔湖、色楞格河、鄂尔浑河等进行了水文与水环境调查。科考调查范围包括乌兰巴托都市区、中央省、前杭爱省、后杭爱省、布尔干省、库苏古尔省、鄂尔浑省、色楞格省、达尔汗乌勒省9个省级行政区，总行程2500多公里。此次考察采集了水样，并收集了水系和水资源相关数据和图集。

经过考察发现，蒙古国的水资源主要集中在北部山区，南部地区降水稀少，水资源匮乏。俄罗斯的水资源分布较广，主要集中在西伯利亚地区，东部地区降水量较少，水资源相对缺乏。蒙古国的水资源匮乏，水资源利用率也较低，但水资源污染程度相对较轻。俄罗斯虽然水资源丰富，但水资源利用率较低，水资源开发不足，部分地区水资源轻度污染。

经过2017～2019年的5次水资源采样，我们掌握了中蒙俄国际经济走廊52个采样点及其所代表的流域的水资源和水系相关数据，并绘制了中蒙俄国际经济走廊水资源与水系采样点空间分布图（图6-1），为进一步研究奠定了基础。采样数据主要集中在色楞格河流域和阿穆尔河（黑龙江）流域，其中蒙古国境内采样点有9个，俄罗斯境内采样点43个，采样点数据具体包括采集号、采集地、经度、纬度、海拔、采集人、采集单位、采集时间、水样指标等字段数据。

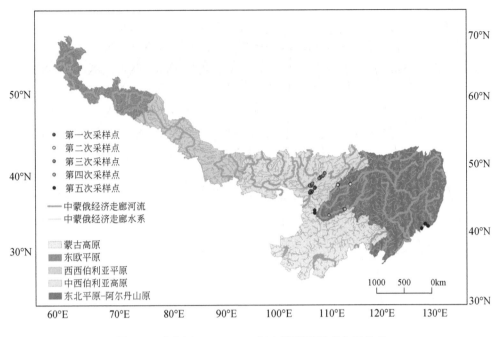

图 6-1 考察区 2017~2019 年水资源采样点空间分布

6.2 中蒙俄国际经济走廊全区水资源与水系空间格局

6.2.1 中蒙俄国际经济走廊全区水系空间格局

通过系统收集中蒙俄国际经济走廊各区域的水系分布图、水系分布数据、土地利用数据和 DEM 数据等，针对数据不匹配、地理坐标不统一、多数河流无名称等问题，基于中蒙俄国际经济走廊全区水系图的制图需求，开展了相应的数据处理研究工作。数据处理工作主要包括以下内容：①部分资料的数字化处理。根据需要，将收集到的纸质图件进行数字化工作。②数据的归一化处理。针对数据不匹配、坐标体系不统一的问题，进行数据的校正和调整，实现多源数据的整合与数据的归一化。③河流分级研究工作。参考大量的文献资料，将归一化后的研究区河流分为一级河流、二级河流、三级河流与其他河流四类。④河流中文名称的补充与确定。中蒙俄国际经济走廊河流众多，但大部分河流没有中文名称或有着不同的中文名称，在文献资料和专家的帮助下，完成了大量的一级、二级、三级河流的中文名称补充和确定工作。⑤利用 DEM 数据进行流域边界的确定。利用 DEM 数据提取出集水流域（分水岭），进而获得相应的流域边界，并参考文献资料，对流域边界数据进行确认和调整，同时根据各流域中的主要一级河流对该流域命名。根据统一的中蒙俄国际经济走廊边界，基于已处理的河流、湖泊、水系、流域等数据进行制图，得到了中蒙俄国际经济走廊地区水系图。

中蒙俄国际经济走廊地区一共有 11 个大的流域边界，分别是乌第河流域、沃尔霍夫河流域、伏尔加河流域、额尔齐斯河流域、鄂毕河流域、色楞格河流域、勒拿河流域、维季姆河流域、黄河流域、辽河流域和阿穆尔河（黑龙江）流域。将流域边界与水系叠加从而能更好地显示水系的流向与走势。图6-1中仅显示主要的一级河流和二级河流的名称。考察区内俄罗斯的地表水资源量最为丰富，拥有勒拿河、叶尼塞河、鄂毕河和伏尔加河等大河，以及世界第一大淡水湖——贝加尔湖。蒙古国境内多发育内流河和内流湖，河流径流季节变化显著，夏季为汛期，冬季会出现断流或冻结。发源于蒙古国库苏古尔湖以南的色楞格河向北流入俄罗斯，并最终注入贝加尔湖，而发源于肯特山东麓的克鲁伦河，向东流入中国的呼伦湖。中国东北三省及内蒙古东部地区的地表水资源主要来自夏季降水，6～9月的累积降水占全年总量的55%～74%，河流径流具有明显的丰、枯期变化和年际变化，主要河流包括辽河和横跨中蒙俄三国的亚洲大河——阿穆尔河（黑龙江）。

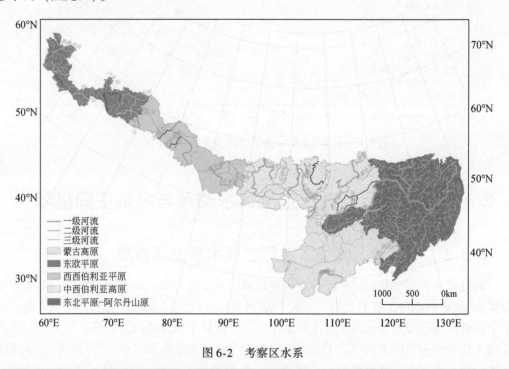

图6-2　考察区水系

6.2.2　中蒙俄国际经济走廊全区水资源空间格局

6.2.2.1　地表水资源总量空间格局

了解中蒙俄国际经济走廊内水资源的空间分布有助于识别和保护重要的湿地及河流生态系统，对于保护水生生态系统和生物多样性具有重要作用。在中蒙俄国际经济走廊跨国河流和湖泊的管理中，了解水资源的空间分布对于国际合作和水资源的共享至关重要（王平等，2018；李丽等，2021）。

本书系统收集了中蒙俄国际经济走廊内水资源的空间分布的相关数据，中国地表水资源数据来源于水利部2016年的《中国水资源公报》。俄罗斯地表水资源来源于2016年《国家水资源公报：地表水与地下水资源、利用及水质》（Росгидромет，2016）。蒙古国由于缺失 2016 年水资源数据，采用 2012 年蒙古国各盟（市）的地表水统计数据（Yondon and Galtbalt，2012）。俄罗斯和蒙古国 2016 年人口与 GDP 数据分别来源于俄罗斯联邦国家统计局及蒙古国家统计局。根据以上数据计算出中蒙俄国际经济走廊地区每个行政单元地表水资源总量的具体情况，得出地表水资源总量空间分布（图6-3）。

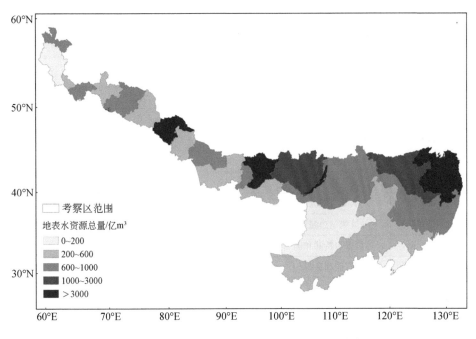

图 6-3　考察区 2016 年地表水资源总量空间分布

中蒙俄国际经济走廊43 个行政区的地表水资源总量约为36 873 亿 m³（表6-1）。地表水资源总量在空间上呈现"东多西少、北多南少"的分布格局。分布于俄罗斯部分的地表水资源最为丰富，约占中蒙俄国际经济走廊的 95.5%，其中秋明州、哈巴罗夫斯克边疆区、伊尔库茨克州、鞑靼斯坦共和国、犹太自治州、阿穆尔州、马里埃尔共和国、哈卡斯共和国、下诺夫哥罗德州的地表水资源量最高，分别为 6728 亿 m³、5763 亿 m³、2716 亿 m³、2602 亿 m³、2396 亿 m³、2065 亿 m³、1095 亿 m³、1094 亿 m³、1032 亿 m³。中国部分的水资源总量约占全考察区总量的 4.1%，其中辽宁省、内蒙古自治区、吉林省、黑龙江省的水资源总量分别为 152 亿 m³、402.1 亿 m³、272 亿 m³、686 亿 m³。蒙古国 12 个行政区地表水资源量在经济走廊内最为匮乏，在蒙古国中，肯特省、色楞格省、中央省、东方省、中戈壁省地表水资源量相对较高，也仅分别为 66.9 亿 m³、32 亿 m³、19.1 亿 m³、15.1 亿 m³、11.2 亿 m³，但均低于俄罗斯水资源最匮乏的行政区莫尔多瓦共和国（68 亿 m³）。而蒙古国水资源更匮乏的东戈壁省、达尔汗乌勒省、南戈壁省、戈壁苏木贝尔省、鄂尔浑省，地表水资源量都在 1 亿 m³ 以下，分别为 0.5 亿 m³、0.44 亿 m³、0.38 亿 m³、0.1 亿 m³、0.05 亿 m³。

表6-1　中蒙俄国际经济走廊地表水资源量、人口及人均水资源数据

编号	国家	行政区	地表水资源量/亿 m³	人口/万人	人均水资源量/万 m³
1	俄罗斯	秋明州	6728	361.55	18.61
2	俄罗斯	哈巴罗夫斯克边疆区	5763	133.45	43.18
3	俄罗斯	伊尔库茨克州	2716	241.28	11.26
4	俄罗斯	鞑靼斯坦共和国	2602	386.87	6.73
5	俄罗斯	犹太自治州	2396	19.61	122.18
6	俄罗斯	阿穆尔州	2065	80.57	25.63
7	俄罗斯	马里埃尔共和国	1095	68.59	15.96
8	俄罗斯	哈卡斯共和国	1094	53.68	20.38
9	俄罗斯	下诺夫哥罗德州	1032	326.03	3.17
10	俄罗斯	列宁格勒州	905	177.88	5.09
11	俄罗斯	布里亚特共和国	867	98.23	8.83
12	俄罗斯	滨海边疆区	850	192.9	4.41
13	俄罗斯	外贝加尔边疆区	816	108.3	7.53
14	俄罗斯	乌德穆尔特共和国	772	151.72	5.09
15	俄罗斯	新西伯利亚州	703	276.22	2.55
16	中国	黑龙江省	686	3799.23	0.18
17	俄罗斯	彼尔姆边疆区	671	263.44	2.55
18	俄罗斯	阿尔泰边疆区	617	237.67	2.60
19	俄罗斯	鄂木斯克州	574	197.85	2.90
20	俄罗斯	图瓦共和国	545	31.56	17.27
21	俄罗斯	基洛夫州	538	129.75	4.15
22	中国	内蒙古自治区	402.1	2520.1	0.16
23	俄罗斯	克麦罗沃州	400	271.76	1.47
24	俄罗斯	斯维尔德洛夫斯克州	393	433	0.91
25	俄罗斯	弗拉基米尔州	342	139.72	2.45
26	中国	吉林省	272	2645.5	0.10
27	俄罗斯	诺夫哥罗德州	241	61.57	3.91
28	俄罗斯	特维尔州	233	130.48	1.79
29	俄罗斯	莫斯科州	180	731.86	0.25
30	中国	辽宁省	152	4232	0.04
31	俄罗斯	莫尔多瓦共和国	68	80.74	0.84
32	蒙古国	肯特省	66.9	7.37	9.08
33	蒙古国	色楞格省	32	10.75	2.98
34	蒙古国	中央省	19.1	9.17	2.08
35	蒙古国	东方省	15.1	7.76	1.95
36	蒙古国	中戈壁省	11.2	4.48	2.50

续表

编号	国家	行政区	地表水资源量/亿 m³	人口/万人	人均水资源量/万 m³
37	蒙古国	乌兰巴托市	7.7	144.04	0.05
38	蒙古国	苏赫巴托尔省	1.4	5.98	0.23
39	蒙古国	东戈壁省	0.5	6.65	0.08
40	蒙古国	达尔汗乌勒省	0.44	10.19	0.04
41	蒙古国	南戈壁省	0.38	6.33	0.06
42	蒙古国	戈壁苏木贝尔省	0.1	1.69	0.06
43	蒙古国	鄂尔浑省	0.05	10.18	0.005

中蒙俄国际经济走廊人均水资源量为 1.96 万 m³，其中俄罗斯人均水资源量为 6.53 万 m³，中国人均水资源量为 0.11 万 m³，蒙古国人均水资源量为 0.68 万 m³。中国的人均水资源量是最低的。俄罗斯的人均地表水资源量是最丰富的，俄罗斯犹太自治州、哈巴罗夫斯克边疆区、阿穆尔州、哈卡斯共和国、秋明州、图瓦共和国、马里埃尔共和国、伊尔库茨克州的人均地表水资源量分别为 122.18 万 m³、43.18 万 m³、25.63 万 m³、20.38 万 m³、18.61 万 m³、17.27 万 m³、15.96 万 m³、11.26 万 m³。人均地表水资源量最匮乏的区域仍然主要位于蒙古国，其东戈壁省、南戈壁省、戈壁苏木贝尔省、乌兰巴托市、达尔汗乌勒省、鄂尔浑省人均水资源量分别为 0.08 万 m³、0.06 万 m³、0.06 万 m³、0.05 万 m³、0.04 万 m³、0.005 万 m³。

中国辽宁省、内蒙古自治区、吉林省、黑龙江省的人均水资源量分别为 0.04 万 m³、0.16 万 m³、0.10 万 m³、0.18 万 m³。而蒙古国的肯特省、色楞格省、中戈壁省、中央省、东方省的人均水资源量分别为 9.08 万 m³、2.98 万 m³、2.50 万 m³、2.08 万 m³、1.95 万 m³，均高于中蒙俄国际经济走廊中国各省（自治区）的人均水资源量。

6.2.2.2　年产水模数空间格局

年产水模数是一个重要的水文参数，年产水模数表示在一定时间内，一个地区或一个水文地质单元内，单位面积的产水量。简单来说，就是用来衡量一个地区每年每平方千米的水资源产出量。它可以帮助我们了解一个地区的水资源状况，评估水资源的可持续性，以及进行水资源管理和规划。根据中蒙俄国际经济走廊地表水资源总量数据，结合中蒙国际俄经济走廊行政单元面积数据，统计出中蒙俄国际经济走廊每个省级行政单元年产水模数的具体情况，进而得出年产水模数分布图（图6-4）。

年产水模数计算公式为

$$B = W \times 10\,000/A \tag{6-1}$$

式中，B 为某地区年产水模数（万 m³/km²）；W 为某地区年地表水资源总量（亿 m³）；A 为某地区总面积（km²）。

中蒙俄国际经济走廊内俄罗斯、中国、蒙古国的平均产水模数分别为 128.87 万 m³/km²、10.84 万 m³/km²、3.57 万 m³/km²。年产水模数较高的行政区仍然位于俄罗斯，有 10 个州的年产水模数超过 100 万 m³。特别是犹太自治州、马里埃尔共和国、秋明州、鞑靼斯坦共和国、乌德穆尔特共和国的年产水模数较高，年产水模数分别为

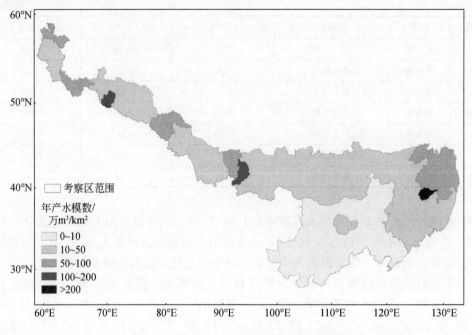

图 6-4　考察区 2016 年产水模数空间分布

668.96 万 m³/km²、471.98 万 m³/km²、420.50 万 m³/km²、383.78 万 m³/km² 和 183.32 万 m³/km²，远超过中蒙俄国际经济走廊其他行政区。蒙古国戈壁苏木贝尔省、苏赫巴托尔省、东戈壁省、南戈壁省的年产水模数最低，年产水模数分别为 0.18 万 m³/km²、0.17 万 m³/km²、0.05 万 m³/km²、0.02 万 m³/km²。中国的黑龙江省、吉林省、辽宁省、内蒙古自治区的年产水模数也较低，分别为 15.16 万 m³/km²、14.24 万 m³/km²、10.44 万 m³/km²、3.52 万 m³/km²（表 6-2）。

表 6-2　中蒙俄国际经济走廊行政区面积及年产水模数数据

国家	行政区	面积/km²	年产水模数/（万 m³/km²）
俄罗斯	犹太自治州	35 816.7	668.96
俄罗斯	马里埃尔共和国	23 200	471.98
俄罗斯	秋明州	160 001	420.50
俄罗斯	鞑靼斯坦共和国	67 800	383.78
俄罗斯	乌德穆尔特共和国	42 111.9	183.32
俄罗斯	哈卡斯共和国	61 715.1	177.27
俄罗斯	下诺夫哥罗德州	74 767.3	138.03
俄罗斯	哈巴罗夫斯克边疆区	457 680	125.92
俄罗斯	列宁格勒州	74 312.9	121.78
俄罗斯	弗拉基米尔州	29 158.2	117.29
俄罗斯	伊尔库茨克州	406 827	66.76
俄罗斯	阿穆尔州	362 610	56.95

国家	行政区	面积/km²	年产水模数/(万 m³/km²)
俄罗斯	滨海边疆区	164 777	51.58
俄罗斯	基洛夫州	120 781	44.54
俄罗斯	诺夫哥罗德州	54 840.3	43.95
俄罗斯	克麦罗沃州	95 707.7	41.79
俄罗斯	彼尔姆边疆区	161 199	41.63
俄罗斯	鄂木斯克州	141 270	40.63
俄罗斯	新西伯利亚州	177 840	39.53
俄罗斯	莫斯科州	45 974.1	39.15
俄罗斯	阿尔泰边疆区	168 172	36.69
俄罗斯	图瓦共和国	168 605	32.32
俄罗斯	特维尔州	84 416.3	27.60
俄罗斯	莫尔多瓦共和国	26 000	26.15
俄罗斯	布里亚特共和国	332 581	26.07
俄罗斯	斯维尔德洛夫斯克州	194 083	20.25
蒙古国	乌兰巴托市	4 038.66	19.07
俄罗斯	外贝加尔边疆区	432 155	18.88
中国	黑龙江省	452 621	15.16
中国	吉林省	190 986	14.24
中国	辽宁省	145 551	10.44
蒙古国	肯特省	80 677.2	8.29
蒙古国	色楞格省	40 057.5	7.99
中国	内蒙古自治区	1 143 930	3.52
蒙古国	中央省	74 938.2	2.55
蒙古国	中戈壁省	75 273.4	1.49
蒙古国	达尔汗乌勒省	3 542.92	1.24
蒙古国	东方省	123 563	1.22
蒙古国	鄂尔浑省	857.658	0.58
蒙古国	戈壁苏木贝尔省	5 664.29	0.18
蒙古国	苏赫巴托尔省	82 571.5	0.17
蒙古国	东戈壁省	109 845	0.05
蒙古国	南戈壁省	166 524	0.02

6.2.2.3　年径流模数空间格局

年径流模数是一个综合性的水文指标,对于水资源的合理规划、管理和保护具有重要意义。在水文学和气象学等科学研究领域,年径流模数是一个基础性指标,有助于研究水文过程与水循环。年径流模数是指在一定时间内（通常为一年），一个流域或区域单位面积上所产生的平均地表径流量。它同时是一个用来衡量水资源量的指标，反映了一个地区地表水的丰富程度和水文循环的活跃性。在水文分析中，年径流模数是分析流域水文循环特征的重要参数，有助于理解降水、蒸发和径流之间的关系。年径流模数可以用来评估一个地区的水资源状况，为水资源的合理开发和利用提供依据。通过分析年径流模数的变化趋势，可以预测洪水发生的可能性和强度，为防洪措施的制定提供参考。在干旱地区，年径流模数的降低可能指示干旱条件的加剧，有助于干旱监测和预警。在环境影响评价中，年径流模数可以用来评估人类活动对水资源的影响，如城市化、农业灌溉等。流域管理者可以利用年径流模数来规划水资源的分配，优化水库的调度和河流的治理。在跨境河流和跨国流域的水资源管理中，年径流模数是评估和协调各国水资源分配的关键参数。

年径流模数计算公式为

$$M = W \times 100\,000\,000/(24 \times 3600 \times 365) \times 1000/A \tag{6-2}$$

式中，M 为某地区年径流模数 $[L/(s \cdot km^2)]$；W 为某地区年地表水资源总量（亿 m^3）；A 为某地区面积（km^2）。

根据中蒙俄国际经济走廊地区地表水资源总量数据，结合面积数据，计算出中蒙俄国际经济走廊地区每个省级行政单元年径流模数的具体数值，得出年径流模数空间分布（图6-5）。中蒙俄国际经济走廊地区年径流模数较高的区域位于俄罗斯的犹太自治州、马里埃尔共和国、秋明州、鞑靼斯坦共和国、乌德穆尔特共和国、哈卡斯共和国，年径流模数均超过60L/（s·km²）。蒙古国除肯特省、色楞格省以外，其余各省如中央省、中戈壁省、达尔汗乌勒省、东方省、鄂尔浑省、戈壁苏木贝尔省、苏赫巴托尔省、东戈壁省、南戈壁省年径流模数均低于1L/（s·km²）。中国的黑龙江省、吉林省、辽宁省和

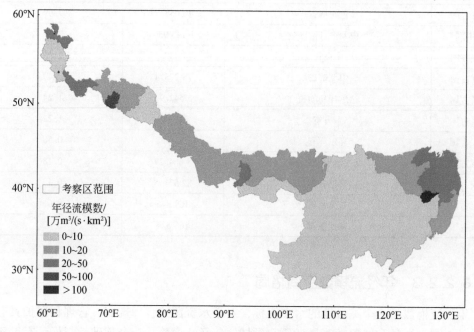

图6-5 考察区2016年年径流模数空间分布

内蒙古自治区的年径流模数分别为 4.80L/(s·km^2)、4.51L/(s·km^2)、3.31L/(s·km^2)、1.11L/(s·km^2)。

6.2.2.4　年径流深空间分布格局

年径流深（annual runoff depth）是指在一定时间内（通常为一年），一个流域或区域上单位面积的平均地表径流量，通常以毫米（mm）为单位。它表示在一年中，该地区每单位面积上所产生的平均降水量中有多少毫米转化为了地表径流。年径流深是一个关键的水文参数，对于水资源管理、水环境保护、农业发展、城市规划及气候变化研究等多个领域都具有重要的应用价值。在涉及国际河流的协议和谈判中，年径流深是评估和分配水资源的关键参数。

年径流深计算公式为

$$R = W/A \times 100\ 000 \tag{6-3}$$

式中，R 为地区年径流深（mm）；W 为某地区年地表水资源总量（亿 m^3）；A 为某地区面积（km^2）。

根据中蒙俄国际经济走廊地区地表水资源总量数据，计算出中蒙俄国际经济走廊地区年径流深，并统计出中蒙俄国际经济走廊地区每个省级行政单元年径流深的具体数值。图 6-6 为中蒙俄国际经济走廊年径流深空间分布。中蒙俄国际经济走廊各行政区地表径流深差异较大，有 10 个行政区超过 1000mm，分别为犹太自治州、马里埃尔共和国、秋明州、鞑靼斯坦共和国、乌德穆尔特共和国、哈卡斯共和国、下诺夫哥罗德州、哈巴罗夫斯克边疆区、列宁格勒州、弗拉基米尔州，3 个行政区即伊尔库茨克州、阿穆尔州、滨海边疆区介于 500~1000mm，俄罗斯其余行政区在 189~465mm，这些行政区

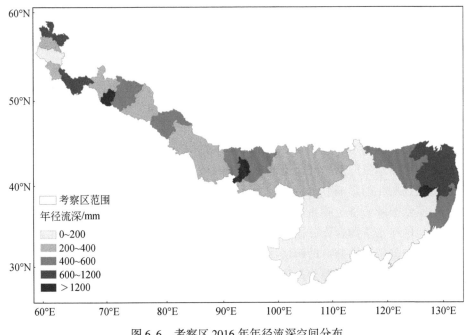

图 6-6　考察区 2016 年年径流深空间分布

多位于中西伯利亚高原和西西伯利亚平原地区。中国东北三省地表年径流深介于 104 ~ 151mm，内蒙古自治区最小（约 34mm）。蒙古国的水资源在经济走廊内最为匮乏。地表年径流深最大的行政区为乌兰巴托市（164mm），蒙古高原北部部分地区地表年径流深大于 20mm，而南部与西部的 8 个行政区则小于 20mm，部分地区（如南戈壁省）甚至不到 2mm。

6.2.2.5　中蒙俄三国水资源比较

中蒙俄国际经济走廊内中蒙俄三国水资源禀赋差异较大，水资源空间分布不均。从地表水资源总量、人均水资源量、年产水模数、年径流模数和年径流深几个指标来看，所有指标都指示俄罗斯是水资源最丰富的国家。俄罗斯拥有众多河流和湖泊，以及世界上最大的淡水湖。然而，尽管拥有丰富的水资源，俄罗斯在水资源管理方面仍面临一些问题。俄罗斯的水资源在地理上分布不均，一些地区水资源非常丰富，而其他地区则面临水资源短缺的问题。工业和农业活动导致的污染影响了部分水体的水质，对人类健康与生态系统构成了威胁。气候变化导致俄罗斯一些地区出现极端天气事件，如干旱和洪水，影响了水资源的可用性与质量。俄罗斯的水资源管理政策和法规需要进一步完善，在一些地区，水资源管理和分配的技术及基础设施可能需要更新、改进，以提高水资源使用的效率，从而适应气候变化带来的挑战，并确保水资源的可持续利用。

中蒙俄国际经济走廊内的中国东北三省地处东北平原，拥有众多河流和湖泊，水资源较为丰富。内蒙古自治区水资源分布不均，生态环境脆弱，可持续发展受水资源限制。虽然中国东北三省和内蒙古自治区地表水资源总量不是最低的，但是由于中国人口众多，人均地表水资源在中蒙俄国际经济走廊内相对较低，而且该区域还面临水资源短缺、水污染、洪涝灾害等挑战。

蒙古国水资源总量较少，水资源主要集中在北部山区，南部地区降水稀少，水资源匮乏，水资源利用率较低。研究表明，自 1993 年起，蒙古国部分河流径流量明显减少，湖泊水量也相应降低。近 20 年，蒙古国境内已有 450 个湖泊及 700 多条河流干涸，水资源分布时空差异加大，旱涝两极分化趋势增加，生态环境面临更为严峻的挑战。

俄罗斯和蒙古国的水资源利用率较低，但水资源污染程度相对较轻。中国水资源利用率较高，但存在水资源浪费和污染问题。中蒙俄国际经济走廊水资源管理面临着诸多挑战，包括气候变化的影响、水资源的合理分配、水质保护和污染防治等。随着全球气候变暖，中蒙俄国际经济走廊将出现一系列与水资源相关的问题及风险，未来三国需要加强合作。三国在水资源合作方面已存在着密切的联系，主要体现在以下几方面：①跨境河流合作。中蒙俄三国共有的跨境河流众多，包括额尔齐斯河、色楞格河等，三国在跨境河流的联合管理、水资源分配等方面开展了合作。②水资源共享。中蒙俄三国在水资源共享方面存在着合作需求，例如，中国需要从蒙古国获取部分水资源，以缓解北方水资源短缺问题。③水资源保护。中蒙俄三国在水资源保护方面存在着共同的利益，三国共同致力于保护跨境河流的水质和生态环境。

6.3　中蒙俄国际经济走廊重点区水系与水资源空间格局

中蒙俄国际经济走廊覆盖区域广，地形地貌复杂，河流众多，水资源丰富。为了更详细地了解中蒙俄国际经济走廊水资源特征，根据研究区自然地理特征，将中蒙俄国际经济走廊分为东欧平原区、西西伯利亚平原区、中西伯利亚高原区、东西伯利亚山地区与中国东北三省以及蒙古高原区五个区域，分区域研究了其水系与水资源空间格局。

6.3.1　东欧平原水系与水资源空间格局

东欧平原，也称俄罗斯平原，位于俄罗斯的乌拉尔山以西的欧洲区域，是欧洲最大的平原，覆盖了俄罗斯西部的大部分地区，并向乌克兰、白俄罗斯和摩尔多瓦等国家延伸。东欧平原包括伏尔加流域水系和沃尔霍夫流域水系，主要河流有维亚特卡河、莫斯科河、特维尔察河、斯维里河、维舍拉河（图6-7），这些河流为该地区提供了丰富的地表水资源。伏尔加河是世界上最大的内陆河，也是欧洲第一长河。伏尔加河流域冬季寒冷漫长，积雪深厚。冬季河面封冻，上游冰期长达140天，中下游冰期在90~100天。到了夏季，大量的积雪融水流入伏尔加河。这些水源对里海湖水的水量平衡起着重要的调节作用。

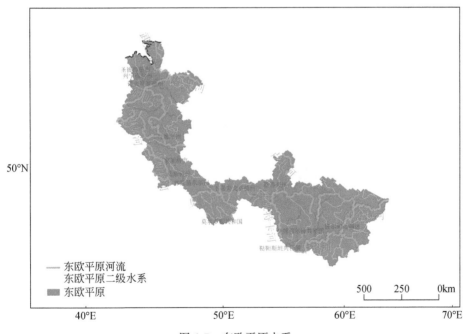

图6-7　东欧平原水系

东欧平原的地表水资源量平均为566.92亿 m^3，区域内地表水资源量变化范围在38亿~3200亿 m^3（图6-8）。除了地表水以外，该地区还有丰富的地下水资源，尤其是在东欧平原的北部和中部地区，地下水是农业灌溉和饮用水的重要来源。东欧平原的水资源存在季节性变化，春季和夏季由于降水及融雪，河流水位较高；而在冬季和干旱季节，水位可能会下降。

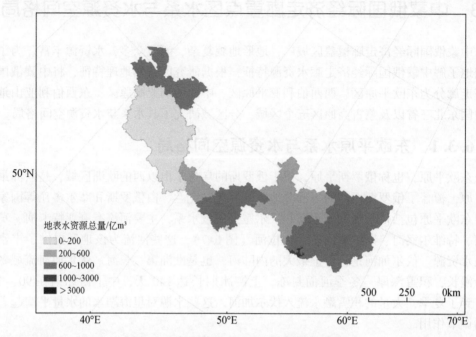

图 6-8　东欧平原 2016 年地表水资源总量

东欧平原的降水量相对较高，尤其在平原的西部和北部地区，年降水量通常在 500 ~ 700mm，这有助于维持河流和湖泊的水位。除了河流，东欧平原还有许多湖泊，如斯摩棱斯克水库、伊尔门湖等，这些湖泊是重要的淡水资源。东欧平原平均年径流深为 600mm，其变化范围在 145 ~ 1800mm（图 6-9）。

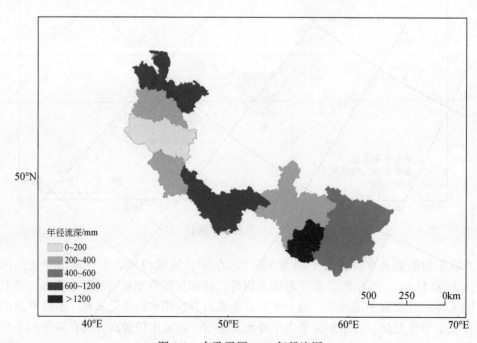

图 6-9　东欧平原 2016 年径流深

6.3.2　西西伯利亚平原水系与水资源空间格局

西西伯利亚平原是俄罗斯的一个主要地理区域，位于乌拉尔山脉和叶尼塞河之间，是西伯利亚地区的一部分。该区域西抵乌拉山脉，东接叶尼塞河，南接哈萨克丘陵、萨彦岭，北濒喀拉山，东西宽 1000~1900km，低洼开阔，是世界著名大平原之一。西西伯利亚平原拥有众多河流，包括鄂毕河、额尔齐斯河、图拉河、玛纳河、托木河、叶尼塞河、安加拉河等（图6-10），这些河流对于维持生态平衡和提供水资源至关重要。其中，鄂毕河、额尔齐斯河贯穿全境，而额尔齐斯河发源于中国新疆，它是中国唯一一条流入北冰洋的外流河。由于西西伯利亚平原的地形非常平坦，这里的河流流速也非常的缓慢。每年春季，由南向北流的鄂毕河总是上游先解冻形成凌汛。鄂毕河水系纵贯俄罗斯全境注入北冰洋，全长 3650km，是平原上最长的河流。该河流域河网密布（约有2000多条大小河流），湖泊众多，沼泽连片。

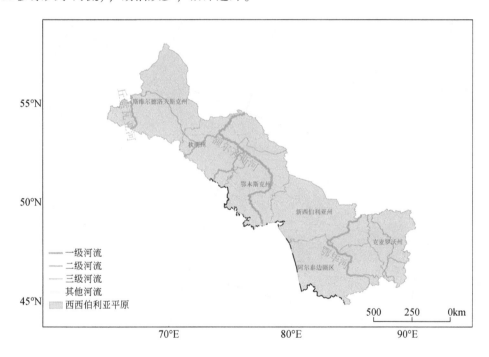

图6-10　西西伯利亚平原水系

西西伯利亚平原平均地表水资源量为 800 亿 m^3，最小值为 517 亿 m^3，最大值超过3000 亿 m^3（图6-11）。西西伯利亚平原的水资源存在明显的季节性变化，冬季河流结冰，春季有融雪性洪水，而夏季和秋季则可能出现干旱。河流和湿地为当地生物多样性提供了重要栖息地，因此，水资源的合理管理对于保护生态系统至关重要。

西西伯利亚平原的降水量相对较低，尤其是在平原的中部和东部，年降水量在 300~550mm，这限制了地表水的补给。由于该地区广泛存在的冻土，地表水和地下水的流动受到限制，影响了水资源的可用性与分布。西西伯利亚平原的年径流深平均为397.98mm，其变化范围为 213.06~546.36mm（图6-12）。

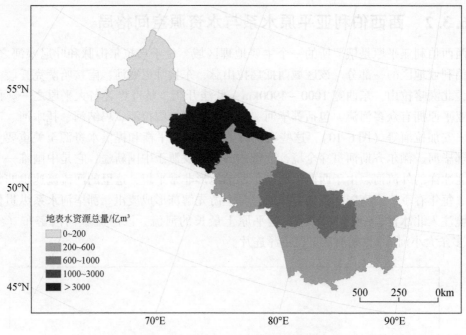

图 6-11 西西伯利亚平原水资源总量

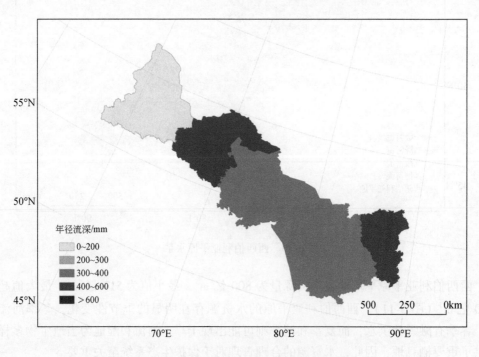

图 6-12 西西伯利亚平原 2016 年年径流深

6.3.3 中西伯利亚高原水系与水资源空间格局

中西伯利亚高原是俄罗斯西伯利亚地区的一个重要地理单元,拥有独特的水资源特征。中西伯利亚在构造地形上以高原山地占优势,仅北西伯利亚和雅库特为平原低地,地域十分辽阔,地质构造也十分复杂,既有古老的地台和地盾,也有不同年代的褶皱带。东界勒拿河,西界叶尼塞河,南隔萨彦岭与蒙古高原相邻,属古老台地高原。因蒸发量少,故河流众多,水量较大,富水力资源。网状河流强烈深切高原,使高原面河谷纵横,阶地发育,地形破碎。

世界上最深的湖泊,也是按体积计算最大的淡水湖——贝加尔湖位于此区域。中西伯利亚平原拥有的河流包括叶尼塞河、鄂毕河、玛纳河、丘纳河、安加拉河、鄂尔浑河等,这些河流对于地区水资源的分布和利用至关重要(图6-13)。

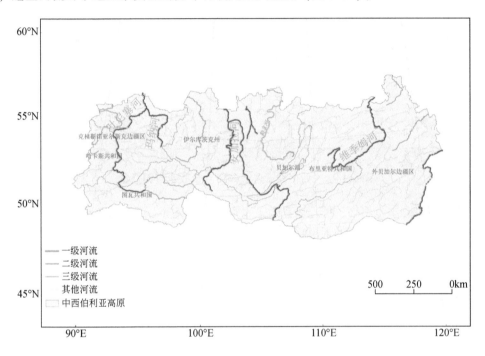

图6-13 中西伯利亚高原水系

由于贝加尔湖的存在,中西伯利亚高原成为地表水资源最丰沛的区域。中西伯利亚高原平均的地表水资源量为36 044.86亿 m^3 ,变化范围为471亿~236 000亿 m^3 (图6-14)。中西伯利亚高原水资源存在明显的季节性变化,春季有融雪性洪水,夏季和秋季可能出现干旱。冻土的存在限制了地表水和地下水的流动,影响了水资源的可用性与分布。

贝加尔湖的淡水资源量约为23.6万亿 m^3 ,其淡水绝对储量约占全世界淡水储量的20%。贝加尔湖的水体总容积约为23 600 km^3 。这个巨大的水量相当于北美洲五大湖水量的总和,甚至超过了整个波罗的海的水量。贝加尔湖的蓄水量是青海湖的240倍,三峡水库水量393万亿 m^3 的600多倍。贝加尔湖的水资源不仅数量巨大,而且水质优良,在世界上首屈一指。然而,贝加尔湖也面临着一些环境问题,如过度开发和环境污染,这些问题可能对水资源的可持续利用构成威胁。因此,保护贝加尔湖的水资源,确保其长期可持续利用,是俄罗斯乃至全球的重要任务。

中西伯利亚高原属于大陆性气候,冬季漫长寒冷,夏季短促温暖。其降水量相对较低,尤其在平原的中部和东部,年降水量通常在300~600mm。由于气候寒冷,蒸发量

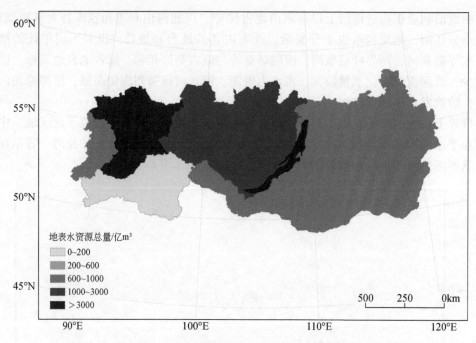

图6-14 中西伯利亚高原2016年地表水资源总量

相对较小，尽管降水量不高，但地表和地下水资源仍然丰富。因为蒸发弱，该地区的相对湿度较高。中西伯利亚高原的地形特征对降水的分布有显著影响，山脉和高地可能会增加降水量，形成特定的微气候区域。中西伯利亚高原年径流深的空间分布呈现西高东低的格局，区域的年径流深平均为486.81mm，西部略高，部分区域超过1200mm（图6-15）。

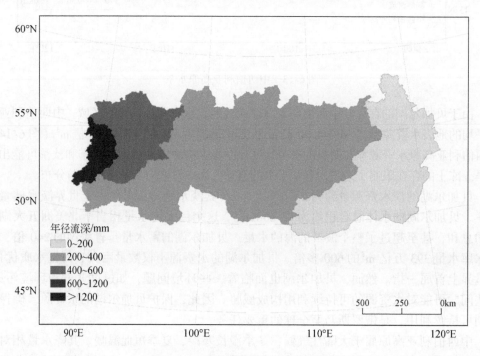

图6-15 中西伯利亚高原年径流深

6.3.4　东西伯利亚山地与中国东三省水系与水资源空间格局

东西伯利亚山地是俄罗斯远东地区的一个重要地理单元，位于西伯利亚东部，包括丰富的山脉和高原。该地区是全球最寒冷的地区之一，分布有大量亚寒带原始针叶林（泰加林），冻土层覆盖全境，夏季湿润短暂，冬季漫长而严寒，结冰期长达半年，大部分地区年平均气温低于0℃，生活环境恶劣，多数地方人迹罕至。该地区存在大量的沼泽与湿地，这些生态系统在调节水流和维持生物多样性方面起着关键作用。

中国的东北三省，即辽宁省、吉林省和黑龙江省，位于中国东北部，拥有独特的水系与水资源特征。东北三省拥有众多河流，其中包括松花江、黑龙江、辉南江等重要水系。东北三省特别是黑龙江省拥有大面积的湿地，如大庆湿地等，这些湿地在调节气候、保护生物多样性方面发挥着重要作用。中国东北三省还有一些重要的湖泊，如镜泊湖、查干湖等，它们对维持地区水平衡和生态多样性起着关键作用。

东西伯利亚山地与中国东北三省，西起勒拿河，东到太平洋沿岸分水岭山脉，主要包括阿穆尔河（黑龙江）、奥廖克马河、石勒喀河、鄂嫩河、松花江、乌苏里江、辽河、比金河等流域，这些河流对于地区水资源的分配和生态平衡至关重要。阿穆尔河（黑龙江）作为中俄界河，是该地区最重要的河流之一，流域广阔，水流充沛。松花江是中国东北三省的一条重要河流，流经多个城市，对当地的生态环境和经济发展具有重要意义。

东西伯利亚山地由于降水和融雪的补给，水资源较为丰富（图6-16）。中国东北三省地处东北亚水塔的核心区域，因此，东西伯利亚山地与中国东北三省整体上水资源较

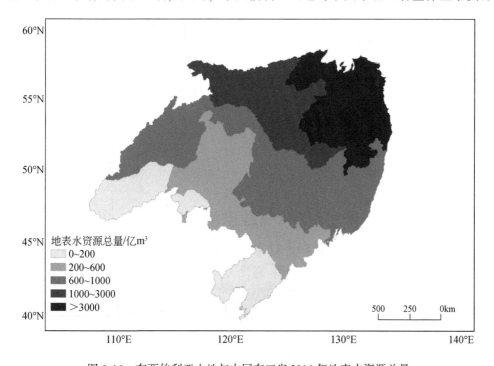

图6-16　东西伯利亚山地与中国东三省2016年地表水资源总量

为丰富。水资源的可用性随季节变化显著,春季融雪和夏季降水导致河流水位上涨,而冬季则可能出现结冰。此区域的地表水资源量平均为 762.73 亿 m^3,最大水资源量为 5128 亿 m^3,标准差为 1301.94 亿 m^3。

东西伯利亚山地位于俄罗斯远东地区,拥有独特的气候和水文特征。与世界其他地区相比,东西伯利亚山地的年均降水量相对较低,特别是在内陆和北部地区。中国东北三省的年降水量在 400~800mm,但具体数值会因地理位置和地形等因素而有所不同。在此区域的高海拔地区,冰川融水是河流的重要补给来源,对径流量有显著影响。降水量在不同地区和季节之间存在显著差异,降水可能以雨、雪、霜或冰雹的形式出现,尤其在冬季,降雪是主要的降水形式。由于降水的季节性,径流量也呈现明显的季节性变化,夏季和春季融雪期间径流量较大。此区域的年径流深平均为 450.88mm,最大年径流深大于 1800mm(图 6-17)。

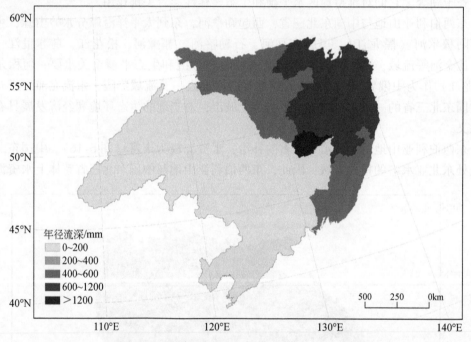

图 6-17   东西伯利亚山地与中国东北三省年径流深

6.3.5   蒙古高原水系与水资源空间格局

蒙古高原泛指亚洲东北部高原地区,亦即东亚内陆高原,东起大兴安岭、西至阿尔泰山,北界为萨彦岭、雅布洛诺夫山脉,南界为阴山山脉,范围包括蒙古国全境和中国内蒙古北部。蒙古高原的河流系统相对简单,主要由内流河和外流河组成。内流河最终流入内陆湖泊或消失在沙漠中,而外流河则流向邻近的海洋。由于降水和气候条件的影响,许多河流呈现季节性特征,夏季洪水期流量较大,冬季则可能干涸或流量大幅减少。蒙古高原拥有众多的内陆湖泊,包括著名的库苏古尔湖、乌布苏湖等。这些湖泊往往是内流河流域的终点。

从水系上来说,蒙古高原中部的杭爱-肯特山地是一个巨大的世界性分水岭:杭爱山以北和肯特山以西、以北属北冰洋水系，杭爱山以南和中国内蒙古阴山以北属内陆水系，肯特山以东属太平洋水系。蒙古高原上较大河流有克鲁伦河、鄂嫩河、海拉尔河、额尔古纳河等（图 6-18）。

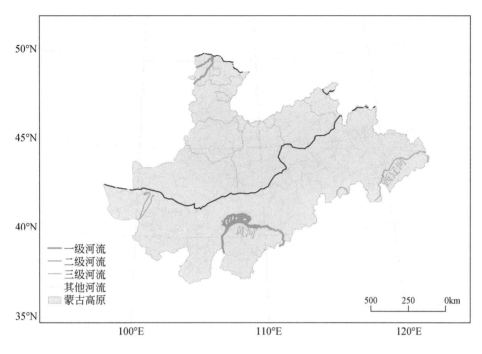

图 6-18　蒙古高原水系

蒙古高原的地表水资源量平均为 42.60 亿 m³，最大水资源量为 402.1 亿 m³，标准差为 111.70 亿 m³。蒙古高原的水资源在地理上分布不均，北部和东部地区相对丰富，而南部和西部地区则较为匮乏（图 6-19）。蒙古高原水资源的可用性在一年中呈现季节性变化，通常在春季和夏季较为丰富。地下水是蒙古高原重要的水资源，尤其在干旱季节，地下水是农牧业和人畜饮水的重要来源。在蒙古高原的高山地区，冰川是重要的淡水资源，随着气候变化，冰川的融化对水资源的可用性有显著影响。

蒙古高原地处内陆，远离海洋，整体降水量较低，年均降水量通常在 200～400mm，部分地区可能更低。蒙古高原部分地区属于内流区，即降水和地表径流并不流入海洋，而是流入内陆湖泊或在沙漠和草原中消失。蒙古高原的年降水量普遍较低，特别是在戈壁沙漠地区，降水量远低于蒸发量。区域平均的年径流深为 2.64mm，最大年径流深为 33.99mm（图 6-20）。干旱是蒙古高原水资源短缺的主要原因，沙漠化也对水资源的可持续性构成威胁。气候变化导致的降水格局变化和温度升高可能会影响蒙古高原的水资源状况。过度放牧、农业扩张和采矿活动等人类活动对水资源的质量及数量都有影响。为了保障水资源的长期可持续利用，需要实施有效的水资源管理和保护措施。

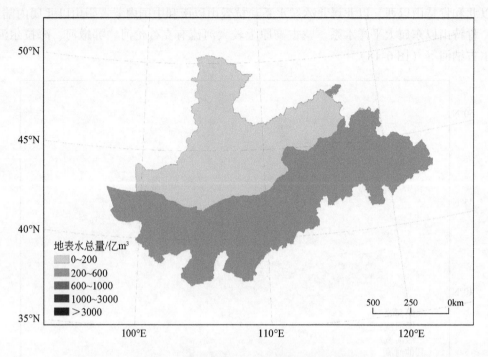

图 6-19 蒙古高原 2016 年地表水资源总量

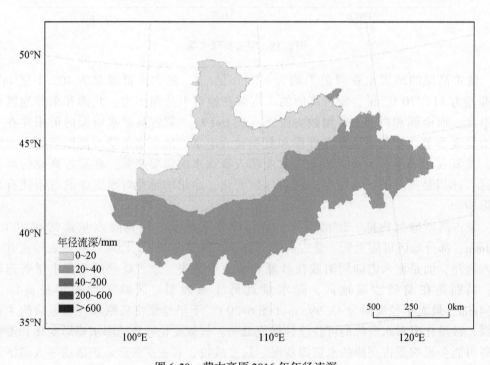

图 6-20 蒙古高原 2016 年年径流深

第 7 章　中蒙俄国际经济走廊草地资源格局特征

过去的一个世纪，全球草地生态系统经历了有人类以来最为严重的威胁。这种威胁导致大范围和多形式的草地退化，退化的结果包括生物多样性丧失、生态系统功能减弱、居民生计减少或沦为难民。草地退化过程包括草地退化、草地荒漠化和草地盐碱化。近 50 年来，发展中国家步入生产高速发展的阶段，草地生态系统亦趋工业化毁坏之后尘，大范围草地荒漠化、毒杂草化等，占全球陆地面积 25% 的草原受到威胁。因此，全球退化草地生态恢复面临着提高其生计维持功能、生态服务功能的巨大挑战。

中蒙俄都是草原大国，草地面积占土地面积的比例较大，分别达到 41.98%、83.89% 和 37.13%（表 7-1）。2014 年 9 月 11 日，中国国家主席习近平在出席中国、俄罗斯、蒙古国三国元首会晤时提出，将"丝绸之路经济带"同俄罗斯"跨欧亚大铁路"、蒙古国"草原之路"倡议进行对接，打造中蒙俄国际经济走廊。

表 7-1　中国、蒙古国、俄罗斯 2014 年草地面积

国家	所在地区	总土地面积/km²	总草地面积/km²	占总土地面积的比例/%
中国	亚洲	9 336 856	3 919 452	41.98
蒙古国	亚洲	1 558 853	1 307 746	83.89
俄罗斯	欧洲	16 851 600	6 256 518	37.13

资料来源：唐海萍等，2014

作为我国"一带一路"倡议的重要支撑，中蒙俄国际经济走廊（以下简称"经济走廊"）建设对于推进共建国家合作、落实国家战略具有重要意义。中蒙俄国际经济走廊草地资源丰富，摸清沿线各国草地资源分布、类型及数量，并分析草地资源变化趋势，可有力支撑沿线各国制定草地资源保护与利用策略、开展生态环保合作，为各国深入开展资源利用与经贸合作提供数据支撑。

7.1　中蒙俄国际经济走廊草地分布总体变化

通过收集中国、蒙古国、俄罗斯研究区范围的行政区划、地形图、地貌图等基础数据，开展中蒙俄国际经济走廊草地资源情况的综合考察，利用卫星遥感信息提取等技术手段，制作了 2016 年全区 1∶200 万草地资源图和重点草原区 1∶50 万草地资源图；利用植被指数等指标进行动态分析，对比分析探讨了 2006~2016 年草地资源的总体变化趋势。

7.1.1 中蒙俄国际经济走廊草地资源面积分布

(1) 2006 年中蒙俄国际经济走廊草地资源面积

在 1 : 200 万尺度下，基于对 MODIS 数据及其土地利用产品（MCD12Q1，IGBP 分类）的分析得出：2006 年中蒙俄国际经济走廊草地面积总计约 384 万 km²。其中，草地类型占比最高，约占 51.79%；疏林草地类型占比次之，约占 46.60%；稀疏灌丛占比约 1.37%；郁闭灌丛类型的占比最低，不足 0.1%，详见表 7-2。

表 7-2　2006 年经济走廊各类型草地资源面积及占比

序号	草地类型	2006 年面积/km²	2006 年面积占比/%
1	郁闭灌丛	493	0.01
2	稀疏灌丛	52 810	1.37
3	疏林草地	1 790 469	46.60
4	草地	1 989 846	51.79
5	永久湿地	8 909	0.23
6	总计	3 842 527	100

其中，草地类型主要分布在中蒙跨境、中俄陆路口岸重点区；疏林草地主要分布在中俄沿海、新西伯利亚铁路枢纽、中俄陆路口岸重点区。不同草地类型的分布如图 7-1 所示。

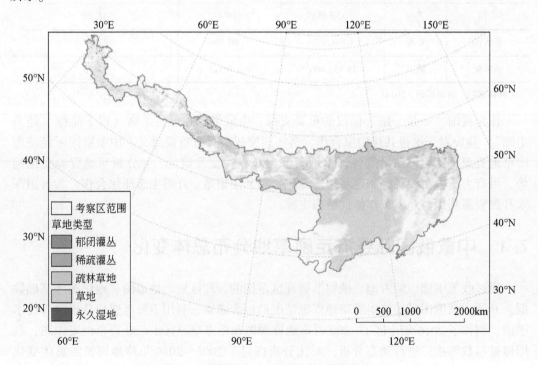

图 7-1　考察区 2006 年不同草地类型分布

（2）2016 年中蒙俄国际经济走廊草地资源面积

2016 年，中蒙俄国际经济走廊草地面积总计约 381 万 km²。其中，草地类型占比最高，约占 51.13%；疏林草地类型占比次之，约占 47.26%；稀疏灌丛和永久湿地有所变化但稀疏灌丛仍占 1.28% 左右，永久湿地占比不足 1%；郁闭灌丛类型的占比最低，不足 0.1%，详见表 7-3。

表 7-3　2016 年经济走廊各类型草地资源面积及占比

序号	草地类型	2016 年面积/km²	2016 年面积占比/%
1	郁闭灌丛	319	0.01
2	稀疏灌丛	48 711	1.28
3	疏林草地	1 802 026	47.26
4	草地	1 949 632	51.13
5	永久湿地	12 143	0.32
6	总计	3 812 831	100

2016 年的各类型草地资源的分布格局与 2006 年基本一致，如图 7-2 所示。

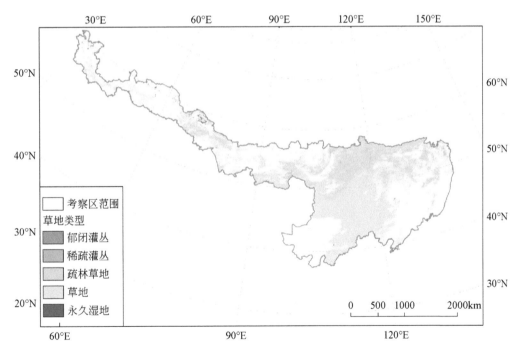

图 7-2　考察区 2016 年不同草地类型分布

（3）2006～2016 年草地资源变化情况分析

2006～2016 年，经济走廊内草地资源面积总体呈下降趋势，总体减少约 3 万 km²。

其中，草地面积减少最大，约 4 万 km²；稀疏灌丛类型次之，约 0.4 万 km²；疏林草地和永久湿地在 2006～2016 年均有所增加，疏林草地面积增加最大，增加约 1.2 万 km²，永久湿地增加 3234km²；郁闭灌丛减少面积最小，为 173km²，如表 7-4 所示。

表 7-4　2006～2016 年经济走廊各类型草地资源面积变化统计　（单位：km²）

序号	草地类型	2006 年面积	2016 年面积	2006～2016 年面积变化
1	郁闭灌丛	493	319	-173
2	稀疏灌丛	52 810	48 711	-4 099
3	疏林草地	1 790 469	1 802 026	11 556
4	草地	1 989 846	1 949 632	-40 214
5	永久湿地	8 909	12 143	3 234
6	总计	3 842 527	3 812 831	-29 696

　　新西伯利亚铁路枢纽地区、中国东北地区等是草地面积减少的集中区域，具体草地资源变化的空间分布如图 7-3～图 7-5 所示。

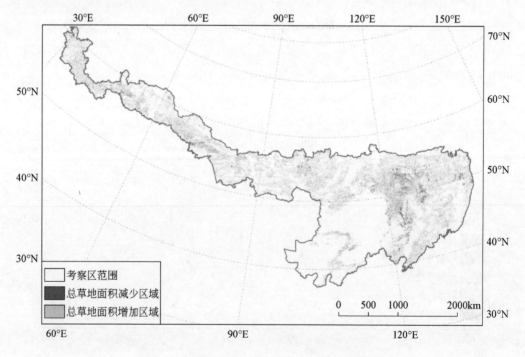

图 7-3　考察区 2006～2016 年草地面积变化分布

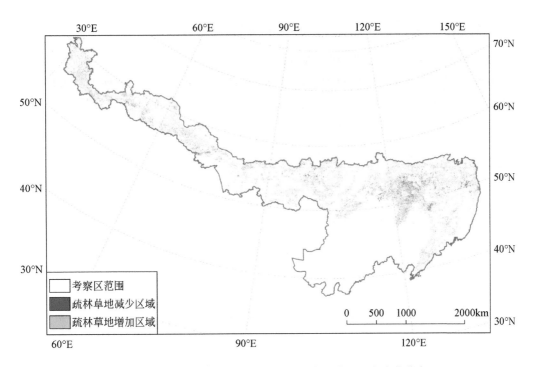

图 7-4　考察区 2006 ~ 2016 年疏林草地类型草地面积变化分布

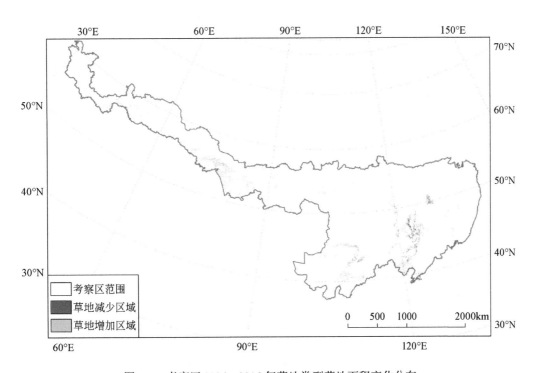

图 7-5　考察区 2006 ~ 2016 年草地类型草地面积变化分布

7.1.2 考察区中国部分草地资源面积分布

（1）考察区中国部分 2006 年草地资源分布情况

2006 年经济走廊中国境内草地面积总计约 112 万 km²。其中，草地类型占比最高，约占 75.32%；疏林草地类型占比次之，约占 24.43%；稀疏灌丛和永久湿地占比都较少，分别为 0.05% 和 0.20%；郁闭灌丛类型的占比最低，不足 0.01%，详见表 7-5。

表 7-5　考察区中国部分 2006 年各类型草地资源面积变化统计

序号	草地类型	2006 年面积/km²	2006 年面积占比/%
1	郁闭灌丛	42	0
2	稀疏灌丛	569	0.05
3	疏林草地	272 919	24.43
4	草地	841 468	75.32
5	永久湿地	2 187	0.20
6	总计	1 117 185	100

　　其中，草原类型主要分布在中蒙跨境、中俄陆路口岸重点区；疏林草地类型主要分布在黑龙江省北部、辽东半岛区域。不同草地类型的分布如图 7-6 所示。

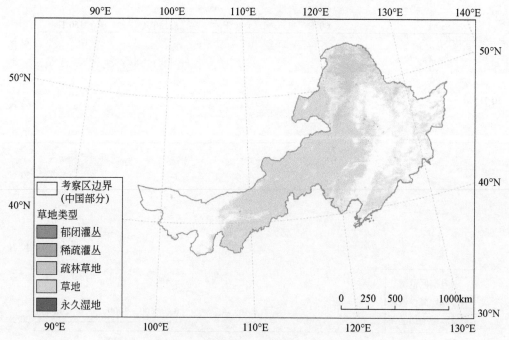

图 7-6　考察区中国部分 2006 年各类型草地资源分布

（2）考察区中国部分 2016 年草地资源分布情况

2016 年经济走廊中国境内草地面积总计约 106.8 万 km²。其中，草地类型占比仍然最高，约占 75.59%；疏林草地类型占比次之，约占 23.91%。从表 7-6 来看，郁闭灌丛、稀疏灌丛、草地、永久湿地类型的占比都有所增加，疏林草地的面积占比有所减少。其中郁闭灌丛类型面积占比最低，为 0.01%，如表 7-6 所示。

表 7-6　考察区中国部分 2016 年各类型草地资源面积变化统计

序号	草地类型	2016 年面积/km^2	2016 年面积占比/%
1	郁闭灌丛	62	0.01
2	稀疏灌丛	1 139	0.11
3	疏林草地	255 399	23.91
4	草地	807 358	75.59
5	永久湿地	4 090	0.38
6	总计	1 068 048	100

2016 年各类型草地资源的分布格局与 2006 年基本一致，如图 7-7 所示。

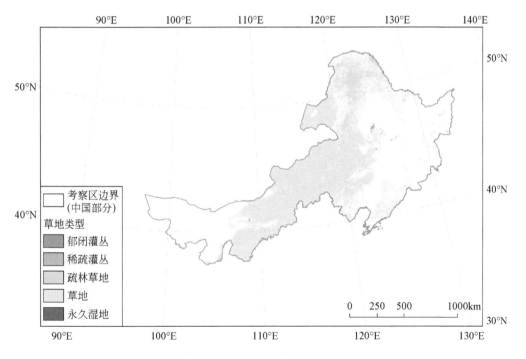

图 7-7　考察区中国部分 2016 年各类型草地资源分布

(3) 考察区中国部分 2006～2016 年草地资源变化情况

从表 7-7 可以看出，2006～2016 年，经济走廊中国境内草地资源面积总体呈下降趋势，总体减少约 5 万 km^2。其中，草地类型中草地面积减少约 3.4 万 km^2。郁闭灌丛、稀疏灌丛、永久湿地的面积有所增加。疏林草地面积减少最大，减少约 1.75 万 km^2。

表 7-7　考察区中国部分 2006～2016 年各类型草地资源面积变化统计

序号	草地类型	2006 年面积/km²	2016 年面积/km²	2006～2016 年面积变化/km²
1	郁闭灌丛	42	62	20
2	稀疏灌丛	569	1 139	570
3	疏林草地	272 919	255 399	−17 520
4	草地	841 468	807 358	−34 110
5	永久湿地	2 187	4 090	1 903
6	总计	1 117 185	1 068 048	−49 137

内蒙古东部是草地面积剧烈减少的区域。草地面积空间变化如图 7-8 所示。

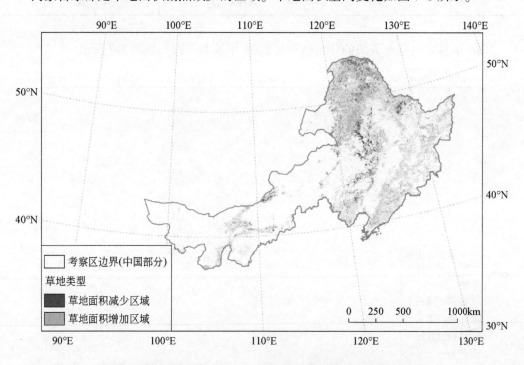

图 7-8　考察区中国部分 2006～2016 年各类型草地面积变化分布

7.1.3　考察区蒙古国部分草地资源面积分布

（1）考察区蒙古国部分 2006 年草地资源分布情况

2006 年，经济走廊蒙古国境内草地面积总计约 60 万 km²。其中，绝大部分为草地类型，约占总面积的 95.35%；其次为疏林草地类型，约占总面积的 4.65%；稀疏灌丛和永久湿地占比较少，均不足 0.01%；境内没有郁闭灌丛类型的草地资源，详见表 7-8。

表 7-8　考察区蒙古国部分 2006 年各类型草地资源面积变化统计

序号	草地类型	2006 年面积/km²	2006 年面积占比/%
1	郁闭灌丛	0	0
2	稀疏灌丛	23	0
3	疏林草地	28 051	4.65
4	草地	575 053	95.35
5	永久湿地	24	0
6	总计	603 151	100

蒙古国东部的苏赫巴托尔省、东方省、肯特省等区域几乎全部被草地覆盖，在乌兰巴托市东北部有少量疏林草地分布，详见图 7-9。

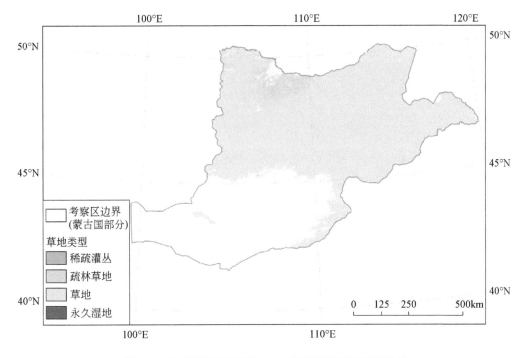

图 7-9　考察区蒙古国部分 2006 年各类型草地资源分布

（2）考察区蒙古国部分 2016 年草地资源分布情况

2016 年，经济走廊蒙古国境内草地面积总计约 61 万 km²。其中，草地资源类型仍以草地为主，其面积约占总面积的 94.99%；疏林草地和永久湿地面积占比都有所增加，分别为 5% 和 0.01%；境内没有郁闭灌丛类型的草地资源分布，详见表 7-9。

表 7-9　考察区蒙古国部分 2016 年各类型草地资源面积变化统计

序号	草地类型	2016 年面积/km²	2016 年面积占比/%
1	郁闭灌丛	0	0
2	稀疏灌丛	14	0

续表

序号	草地类型	2016 年面积/km²	2016 年面积占比/%
3	疏林草地	30 683	5.00
4	草地	582 656	94.99
5	永久湿地	57	0.01
6	总计	613 410	100

2016 年各类型草地资源的分布格局与 2006 年基本一致，如图 7-10 所示。

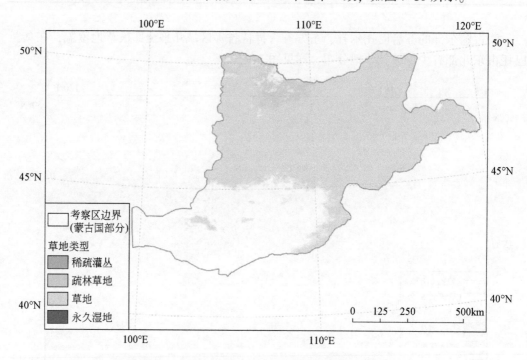

图 7-10 考察区蒙古国部分 2016 年各类型草地资源分布

（3）考察区蒙古国部分 2006 ~ 2016 年草地资源变化情况

2006 ~ 2016 年，经济走廊蒙古国境内草地资源面积总体呈上升趋势，总体增加约 1 万 km²。其中，草地类型面积增加最大，增加 7603km²；疏林草地类型面积增加量次之，增加 2632km²；稀疏灌丛类型有所减少，减少 10km²；境内没有郁闭灌丛，详见表 7-10。

表 7-10 考察区蒙古国部分 2006 ~ 2016 年各类型草地资源面积变化统计

（单位：km²）

序号	草地类型	2006 年面积	2016 年面积	2006 ~ 2016 年面积变化
1	郁闭灌丛	0	0	0
2	稀疏灌丛	23	14	−10
3	疏林草地	28 051	30 683	2 632

续表

序号	草地类型	2006 年面积	2016 年面积	2006~2016 年面积变化
4	草地	575 053	582 656	7 603
5	永久湿地	24	57	33
6	总计	603 151	613 410	10 259

增加的草地资源主要分布在东戈壁省、中戈壁省等草原与荒漠的过渡区域，而减少的草地资源主要分布在乌兰巴托市周边人类活动强度较大的区域，如图 7-11 所示。

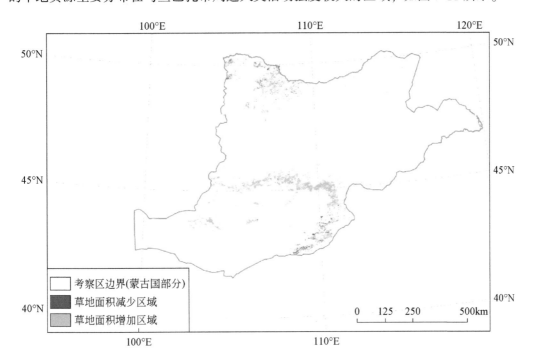

图 7-11 考察区蒙古国部分 2006~2016 年各类型草地面积变化分布

7.1.4 考察区俄罗斯部分草地资源面积分布

（1）考察区俄罗斯部分 2006 年草地资源分布情况

2006 年，经济走廊俄罗斯境内草地面积总计约 212 万 km²。其中，疏林草地类型面积占比最高，约占 70.19%；草地类型占比次之，约占 27.01%；区域内还分布少量的稀疏灌丛和永久湿地，分别占 2.46% 和 0.32%；郁闭灌丛类型的面积占比最低，不足 1%，详见表 7-11。

表 7-11 考察区俄罗斯部分 2006 年各类型草地资源面积变化统计

序号	草地类型	2006 年面积/km²	2006 年面积占比/%
1	郁闭灌丛	451	0.02

序号	草地类型	2006 年面积/km²	2006 年面积占比/%
2	稀疏灌丛	52 217	2.46
3	疏林草地	1 489 499	70.19
4	草地	573 325	27.01
5	永久湿地	6 698	0.32
6	总计	2 122 190	100

其中，疏林草地类型主要分布在东部的哈巴罗夫斯克边疆区、布里亚特共和国、鄂木斯克州等区域；草地类型主要分布在图瓦共和国、外贝加尔边疆区等区域。不同草地类型的分布如图 7-12 所示。

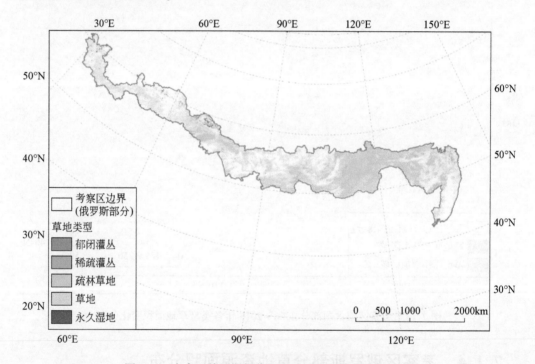

图 7-12　考察区俄罗斯部分 2006 年各类型草地资源分布

（2）考察区俄罗斯部分 2016 年草地资源分布情况

2016 年，经济走廊俄罗斯境内草地面积总计约 213 万 km²。其中，疏林草地类型占比仍最高，约占 71.13%；草地类型占比次之，约占 26.26%；还分布少量的稀疏灌丛和永久湿地，分别占 2.23% 和 0.38%；郁闭灌丛类型的占比最低，不足 1%，详见表 7-12。

表 7-12　考察区俄罗斯部分 2016 年各类型草地资源面积变化统计

序号	草地类型	2016 年面积/km²	2016 年面积占比/%
1	郁闭灌丛	257	0.01

续表

序号	草地类型	2016 年面积/km²	2016 年面积占比/%
2	稀疏灌丛	47 558	2.23
3	疏林草地	1 515 944	71.13
4	草地	559 618	26.26
5	永久湿地	7 996	0.38
6	总计	2 131 373	100

2016 年各类型草地资源的分布格局与 2006 年基本一致，如图 7-13 所示。

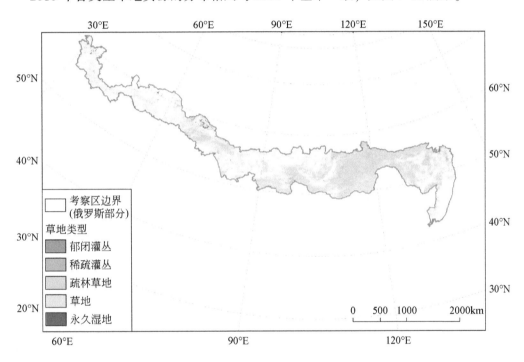

图 7-13　考察区俄罗斯部分 2016 年各类型草地资源分布

（3）考察区俄罗斯部分 2006～2016 年草地资源变化情况

2006～2016 年，考察区俄罗斯境内草地资源面积总体呈上升趋势，总体增加约 0.9 万 km²，增加较少。境内草地资源退化趋势明显，其中，草地退化面积最大，减少约 1.4 万 km²；稀疏灌丛减少量次之，减少 4659km²；郁闭灌丛减少量最少，为 194km²；疏林草地和永久湿地类型面积占比均有所增加，如表 7-13 所示。

表 7-13　考察区俄罗斯部分 2006～2016 年各类型草地资源面积变化统计

（单位：km²）

序号	草地类型	2006 年面积	2016 年面积	2006～2016 年面积变化
1	郁闭灌丛	451	257	−194
2	稀疏灌丛	52 217	47 558	−4 659

续表

序号	草地类型	2006 年面积	2016 年面积	2006~2016 年面积变化
3	疏林草地	1 489 499	1 515 944	26 445
4	草地	573 325	559 618	−13 707
5	永久湿地	6 698	7 996	1 298
6	总计	2 122 191	2 131 373	9 182

空间上，草地资源减少区域广泛分布在经济走廊沿线人口密集区域，包括哈巴罗夫斯克边疆区、阿穆尔州、外贝加尔边疆区、新西伯利亚州、鄂木斯克州等区域，如图7-14所示。

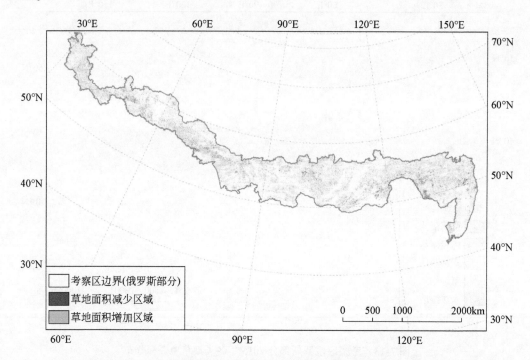

图 7-14　考察区俄罗斯部分 2006~2016 年各类型草地面积变化分布

7.2　中蒙俄国际经济走廊草地资源净初级生产力

7.2.1　草地资源净初级生产力总体变化情况分析

从图 7-15 来看，中蒙俄国际经济走廊 2006~2016 年的草地资源净初级生产力（net primary productivity，NPP）的均值总体呈现上升的趋势，在 2006~2014 年呈现平稳的增长，在 2014 年 NPP 均值达到最大，约为 $357g \cdot C/m^2$。2014~2015 年 NPP 均值趋势有所下降，2015 年呈上升的趋势。总的来看，2016 年的 NPP 均值相比于 2006 年有所增加，增长 12.02%，每平方米约增加 $35.8g \cdot C$。

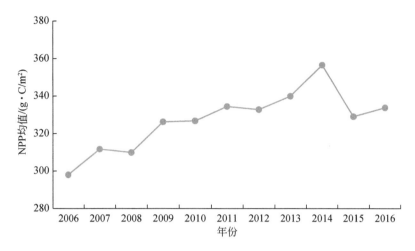

图 7-15　考察区 2006～2016 年 NPP 均值变化

7.2.2　考察区中国部分草地资源生产力变化情况分析

从图 7-16 来看，中蒙俄国际经济走廊中国境内 2006～2016 年的草地资源 NPP 总体呈现上升的趋势，其中，2010～2014 年保持增长趋势，2014～2016 年有所下降。2014年 NPP 均值达到最大，约为 $314g \cdot C/m^2$。中国 2016 年的草地资源 NPP 较 2006 年有所增加，增长 12.13%，每平方米约增加 $31.5g \cdot C$。

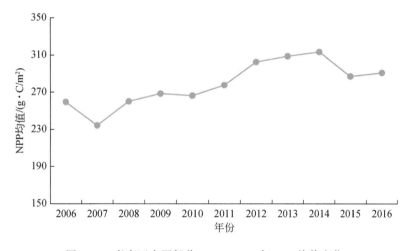

图 7-16　考察区中国部分 2006～2016 年 NPP 均值变化

7.2.3　考察区蒙古国部分草地资源生产力变化情况分析

从图 7-17 来看，中蒙俄国际经济走廊蒙古国境内 2006～2016 年的草地资源 NPP 呈先下降再上升再下降的趋势，2014 年 NPP 均值达到最大，约为 $258g \cdot C/m^2$。2016 年的NPP 均值相比于 2006 年有所增加，增长 15.81%，每平方米约增加 $27.9g \cdot C$。

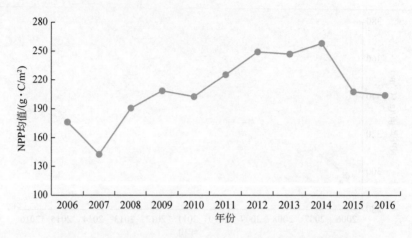

图 7-17　考察区蒙古国部分 2006～2016 年 NPP 均值变化

7.2.4　考察区俄罗斯部分草地资源生产力变化情况分析

由图 7-18 来看，中蒙俄国际经济走廊俄罗斯境内 2006～2016 年的草地资源 NPP 的变化，2006～2016 年总体呈波动上升的趋势，2008～2011 年 NPP 均值有所增长，但是增长趋势比较缓慢；2014 年 NPP 均值达到最大，约为 403g·C/m²。总体来看，2016 年的 NPP 均值相比于 2006 年有所增加，增长 9.20%，每平方米约增加 31.7g·C。

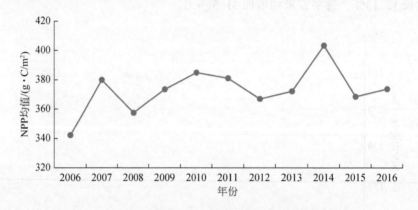

图 7-18　考察区俄罗斯部分 2006～2016 年 NPP 均值变化

7.3　中蒙俄国际经济走廊 NPP 均值总体变化情况分析

7.3.1　NPP 斜率均值总体变化情况分析

根据表 7-14 可知，中蒙俄国际经济走廊 2006～2016 年的 NPP 均值总体呈上升趋势，NPP 均值斜率为 5.8g·C/m²。2006～2016 年 NPP 均值呈增加趋势的占全区面积的 83.46%，其中增加速率在 3～6g·C/m² 的面积占比最大，约 27.06%；其次是增加速率在 0～3g·C/m² 的，面积占比约为 25.84%；增长速率大于 12g·C/m² 的占比最少，约 2.89%。NPP 均值呈减少趋势的占全区面积的 16.54%，其中减少速率在 0 ~ 3g·C/m² 的占比最大，约 12.98%，减少速率大于 12g·C/m² 的占比最少，约 0.31%。

表 7-14 2006 ~ 2016 年经济走廊 NPP 均值变化面积及占比

NPP 均值/(g·C/m²)	面积/km²	面积占比/%	总计
<-12	10 106	0.31	
-12 ~ -6	30 889	0.94	543 995km²
-6 ~ -3	75 937	2.31	16.54%
-3 ~ 0	427 063	12.98	
0 ~ 3	850 087	25.84	
3 ~ 6	890 071	27.06	
6 ~ 9	612 833	18.63	2 745 264km²
9 ~ 12	297 318	9.04	83.46%
>12	94 955	2.89	

其中，NPP 均值呈增加趋势的部分主要分布在中国境内西南部、俄罗斯境内中部、蒙古国北部等区域；NPP 均值呈下降趋势的部分主要分布在俄罗斯境内东北部以及秋明州、图瓦共和国、环贝加尔湖城市群周围和中国境内的辽宁省。不同变化趋势的 NPP 均值分布如图 7-19 所示。

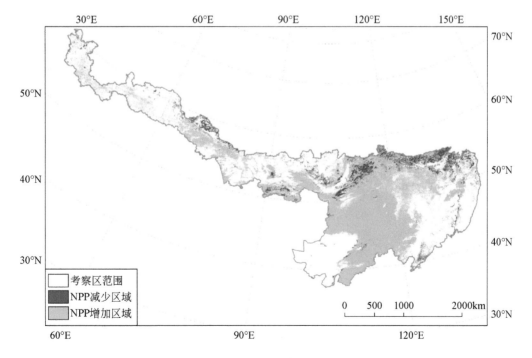

图 7-19 考察区 2006 ~ 2016 年 NPP 均值变化分布

由图 7-20 可知，NPP 均值（>9g·C/m²）增加速率较快的区域主要分布在中国境内的内蒙古自治区和蒙古国北部区域，NPP 均值（-6～-3g·C/m²）减少速率较快的区域主要分布在俄罗斯境内的东北部区域、布里亚特共和国，以及中国境内的辽宁省。

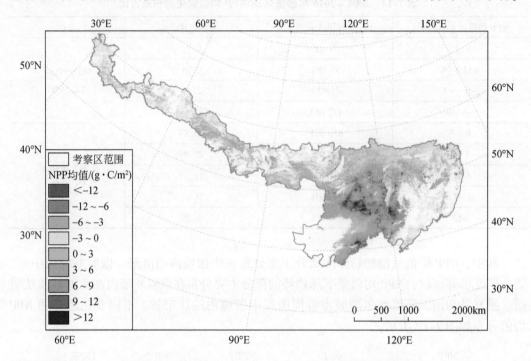

图 7-20   考察区 2006～2016 年 NPP 均值各级变化分布

7.3.2   考察区中国部分 NPP 斜率均值变化情况分析

由表 7-15 可知，中蒙俄国际经济走廊中国境内 NPP 均值总体呈上升的趋势，NPP 均值斜率为 6.43g·C/m²。2006～2016 年 NPP 均值呈增加趋势的面积约为 83.7 万 km²，占经济走廊（中国）境内面积的 94.40%。其中，增加速率在 6～9g·C/m² 的面积占比最大，约 29.44%；增加速率在 3～6g·C/m² 的次之，约 27.68%；增长速率大于 12g·C/m² 的占比最少，约 4.51%。经济走廊中国境内 2006～2016 年 NPP 均值呈下降趋势的面积约为 5 万 km²，面积占比约为 5.60%；减少速率在 0～3g·C/m² 占比最大，约 3.99%；减少速率大于 12g·C/m² 和在 3～6g·C/m² 的区域面积占比均不足 1%。

表 7-15   考察区中国部分 2006～2016 年 NPP 均值变化面积及占比

NPP 均值/（g·C/m²）	面积/km²	面积占比/%	总计
<-12	748	0.09	49 650km² 5.60%
-12～-6	5 541	0.63	
-6～-3	7 947	0.90	
-3～0	35 414	3.99	

NPP 均值/(g·C/m²)	面积/km²	面积占比/%	总计
0~3	154 132	17.38	836 999km² 94.40%
3~6	245 423	27.68	
6~9	261 061	29.44	
9~12	136 393	15.38	
>12	39 990	4.51	

经济走廊中国境内 NPP 均值呈增加趋势的部分主要分布在中国的内蒙古自治区以及黑龙江省的西北和西南角，NPP 均值呈下降趋势的部分主要分布在中国的辽宁省和黑龙江省与俄罗斯接壤的周围区域。不同变化趋势的 NPP 均值分布如图 7-21 所示。

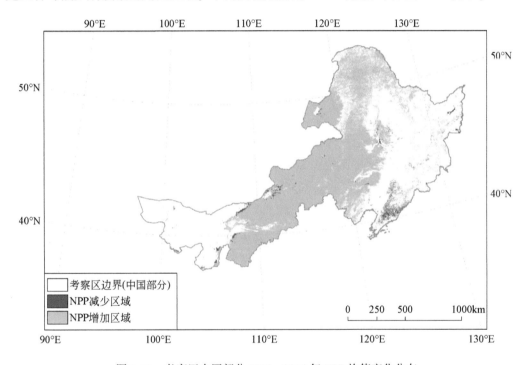

图 7-21　考察区中国部分 2006~2016 年 NPP 均值变化分布

由图 7-22 可知，中国境内 NPP 均值（>9g·C/m²）增加速率较快的区域主要分布在黑龙江的中部区域和内蒙古的呼伦贝尔市、呼和浩特市、兴安盟区域。中国境内 NPP 均值（-6~-3g·C/m²）减少速率较快的区域主要分布在辽宁省中部及沿海区域。

7.3.3　考察区蒙古国部分 NPP 斜率均值变化情况分析

由表 7-16 可知，中蒙俄国际经济走廊蒙古国境内 NPP 均值总体呈上升趋势，NPP 均值斜率为 6.69g·C/m²。2006~2016 年 NPP 均值呈增加趋势的面积约为 49.3 万 km²，占经济走廊蒙古国境内面积的 98.12%。其中，增加速率在 3~6g·C/m² 的面积占比最大，约 31.57%；增加速率在 6~9g·C/m² 的次之，约 28.76%；增长速率大于 12g·

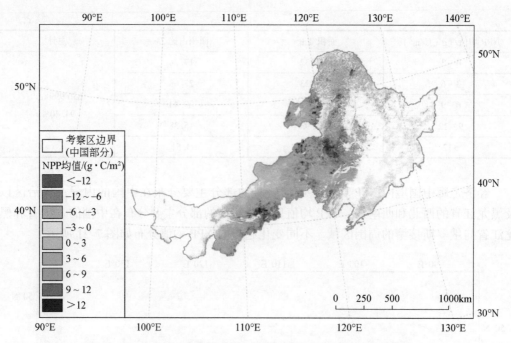

图 7-22 考察区中国部分 2006～2016 年 NPP 均值各级变化分布

C/m² 的占比最少，约 6.11%。考察区蒙古国部分 2006～2016 年 NPP 均值呈下降趋势的面积不足 1 万 km²，面积占比约 1.88%，减少速率在 0～3g·C/m² 的占比最大，约 1.76%；减少速率大于 12g·C/m²、在 6～12g·C/m² 和 3～6g·C/m² 的区域面积占比均不足 0.1%。

表 7-16　考察区蒙古国部分 2006～2016 年 NPP 均值变化面积及占比

NPP 均值/(g·C/m²)	面积/km²	面积占比/%	总计
<-12	98	0.02	
-12～-6	159	0.03	9 415km²
-6～-3	324	0.06	1.88%
-3～0	8 834	1.76	
0～3	63 571	12.66	
3～6	158 461	31.57	
6～9	144 354	28.76	492 580km²
9～12	95 534	19.03	98.12%
>12	30 660	6.11	

　　经济走廊蒙古国境内 NPP 均值呈增加趋势的区域主要分布在蒙古国北部；NPP 均值呈下降趋势的区域主要分布在蒙古国中央省的中西部以及东戈壁省中西部与中国接壤区域附近，详见图 7-23。
　　蒙古国境内 NPP 均值（>9g·C/m²）增加速率较快的区域主要分布在肯特省、东方省、苏赫巴托尔省区域。NPP 均值（<-3g·C/m²）减少速率较快的区域面积占比较小，在蒙古国境内中央省西北角区域零星分布，详见图 7-24。

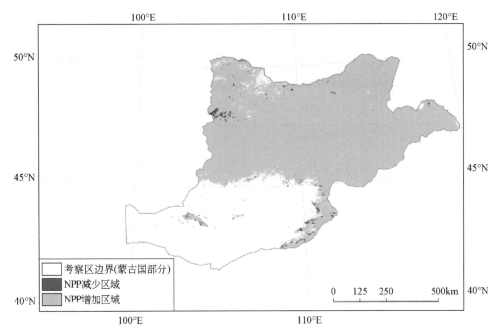

图 7-23　考察区蒙古国部分 2006～2016 年 NPP 均值变化分布

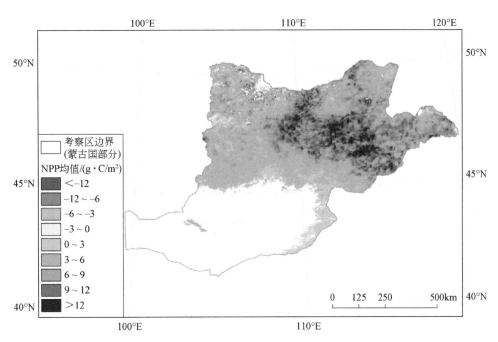

图 7-24　考察区蒙古国部分 2006～2016 年 NPP 均值各级变化分布

7.3.4　考察区俄罗斯部分 NPP 斜率均值变化情况分析

由表 7-17 可知，中蒙俄国际经济走廊俄罗斯境内 NPP 均值总体呈上升趋势，NPP 均值斜率为 5.3g·C/m²。2006～2016 年 NPP 均值呈增加趋势的面积约为 141 万 km²，约占经济走廊俄罗斯境内面积的 74.49%。其中，增加速率在 0～3g·C/m² 的面积占比最大，约为33.27%；增加速率在3~6g·C/m² 的次之，约25.58%；增长速率大于12g·C/m² 的占比最少，约为1.28%。经济走廊俄罗斯境内2006~2016 年NPP 均值呈下降趋势的面积约为48.5万 km²，面积占比为25.51%。其中，减少速率在0~3g·C/m² 的占比最大且超过了20%，约20.14%；减少速率大于12g·C/m² 的区域面积占比最少，约0.49%。

表7-17　考察区俄罗斯部分2006~2016 年NPP 均值变化面积及占比

NPP 均值/(g·C/m²)	面积/km²	面积占比/%	总计
<-12	9 260	0.49	484 930km² 25.51%
-12~-6	25 189	1.33	
-6~-3	67 666	3.56	
-3~0	382 815	20.14	
0~3	632 384	33.27	1 415 685km² 74.49%
3~6	486 187	25.58	
6~9	207 418	10.91	
9~12	65 391	3.44	
>12	24 305	1.28	

经济走廊俄罗斯境内NPP 均值呈增加趋势的区域主要分布在俄罗斯中部和东部靠近中国的区域；NPP 均值呈下降趋势的区域主要分布在俄罗斯东北部、秋明州的北部、新西伯利亚州部分以及环贝加尔湖城市群的区域，详见图7-25。

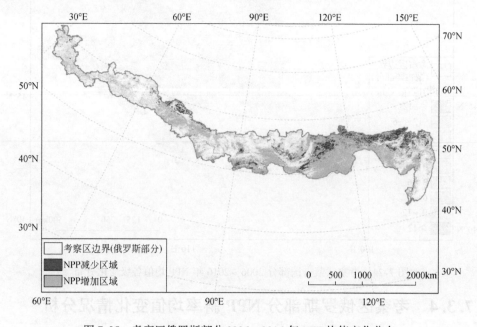

图7-25　考察区俄罗斯部分2006~2016 年NPP 均值变化分布

由图 7-26 可知,俄罗斯境内 NPP 均值(>9g·C/m²)增加速率较快的区域主要分布在基洛夫州、阿尔泰边疆区西部、外贝加尔边疆区东部、犹太自治州区域。俄罗斯境内 NPP 均值(-6~-3g·C/m²)减少速率较快的区域主要分布在伊尔库茨克州东南部、图瓦共和国中部、哈卡斯共和国中东部、布里亚特共和国以及哈巴罗夫斯克边疆区北部区域。

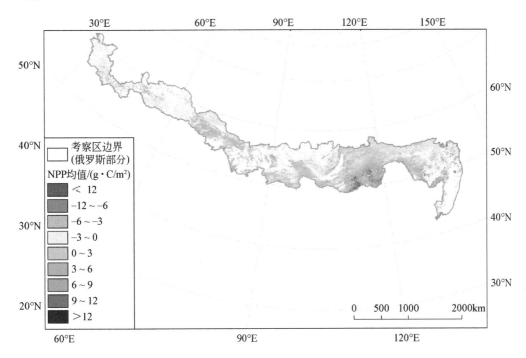

图 7-26　考察区俄罗斯部分 2006~2016 年 NPP 均值各级变化分布

7.4　草地区域 NDVI 变化情况分析

7.4.1　中蒙俄国际经济走廊草地区域 NDVI 变化情况分析

(1) 经济走廊草地区域总体 NDVI 变化

从图 7-27 来看,中蒙俄国际经济走廊草地区域归一化植被指数(normalized difference vegetation index,NDVI)变化基于 2006~2016 年 MODIS NDVI 产品(MOD13A1,最大值合成,500m)分析得出,中蒙俄国际经济走廊 2006~2012 年草地区域 NDVI 总体呈波动上升趋势,2012 年 NDVI 值达到最大,为 0.704。随后 NDVI 在 2012~2016 年呈下降趋势。总体来看,2016 年的 NDVI 相比于 2006 年有所增加,增长 1.18%。

(2) 经济走廊草地区域五种类型 2006 年和 2016 年的变化

通过对比 2006 年与 2016 年草地区域的 NDVI 得出,经济走廊内草地资源 NDVI 总体呈上升趋势。其中,永久湿地的 NDVI 变化最大,为 0.037;郁闭灌丛的 NDVI 变化最小,为 0.006。各类型草地资源 NDVI 变化趋势如表 7-18 所示。

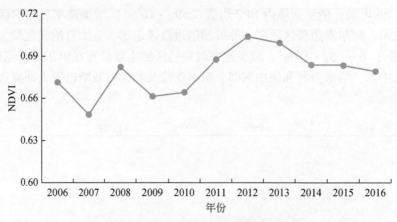

图 7-27　考察区 2006～2016 年 NDVI 变化

表 7-18　2006～2016 年经济走廊各类型草地资源 NDVI 变化统计

序号	草地类型	2006 年 NDVI	2016 年 NDVI	2006～2016 年 NDVI 变化
1	郁闭灌丛	0.872	0.878	0.006
2	稀疏灌丛	0.734	0.750	0.016
3	疏林草地	0.809	0.822	0.013
4	草地	0.533	0.536	0.003
5	永久湿地	0.708	0.745	0.037
6	总体均值	0.672	0.679	0.007

7.4.2　考察区中国部分草地区域 NDVI 变化情况分析

(1) 考察区中国部分草地区域总体 NDVI 变化

从图 7-28 来看，中蒙俄国际经济走廊中国境内 2006～2012 年草地区域 NDVI 总体

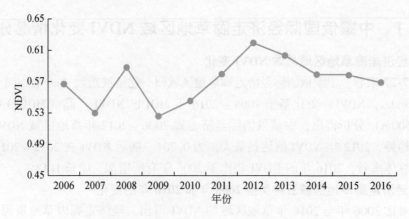

图 7-28　考察区中国部分 2006～2016 年草地区域 NDVI 变化

呈波动上升趋势，2012 年 NDVI 达到最大，约 0.62；随后 NDVI 在 2012 ~ 2016 年呈下降趋势。总体来看，2016 年的 NDVI 相比于 2006 年变化不明显，2016 年比 2006 年 NDVI 增长 0.39%。

（2）考察区中国部分草地区域五种类型 2006 年和 2016 年的变化

通过对比 2006 年草地区域与 2016 年草地区域的 NDVI 得出，考察区中国境内草地资源的 NDVI 总体呈上升趋势。其中，草地类型 NDVI 有所下降，下降 0.003；其余草地类型都有所增加，稀疏灌丛类型增长最多，增长 0.073。各类型草地资源 NDVI 变化趋势如表 7-19 所示。

表 7-19　考察区中国部分 2006 ~ 2016 年各类型草地资源 NDVI 变化统计

序号	草地类型	2006 年 NDVI	2016 年 NDVI	2006 ~ 2016 年 NDVI 变化
1	郁闭灌丛	0.831	0.871	0.040
2	稀疏灌丛	0.486	0.559	0.073
3	疏林草地	0.848	0.869	0.021
4	草地	0.492	0.489	−0.003
5	永久湿地	0.633	0.654	0.021
6	总体均值	0.558	0.559	0.001

7.4.3　考察区蒙古国部分草地区域 NDVI 变化情况分析

（1）考察区蒙古国部分草地区域总体 NDVI 变化

从图 7-29 来看，中蒙俄国际经济走廊蒙古国境内 2006 ~ 2016 年的草地区域 NDVI 总体呈先上升再下降的趋势，2012 年 NDVI 达到最大，约为 0.57。总体来看，2016 年的 NDVI 相比于 2006 年有所减少，下降 1.32%。

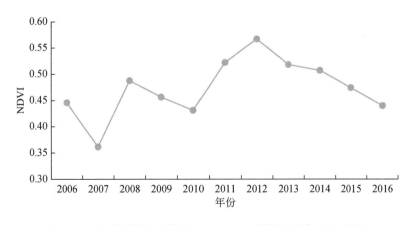

图 7-29　考察区蒙古国部分 2006 ~ 2016 年草地区域 NDVI 变化

（2）考察区蒙古国部分草地区域五种类型 2006 年和 2016 年的变化

通过对比 2006 年草地区域与 2016 年草地区域的 NDVI 得出，经济走廊蒙古国境内草地资源的 NDVI 总体呈下降趋势。蒙古国境内草地类型 NDVI 有所下降，下降 0.007；蒙古国境内没有郁闭灌丛，其他草地类型 NDVI 均有所增长。各类型草地资源 NDVI 变化趋势如表 7-20 所示。

表 7-20 考察区蒙古国部分 2006～2016 年各类型草地资源 NDVI 变化统计

序号	草地类型	2006 年 NDVI	2016 年 NDVI	2006～2016 年 NDVI 变化
1	郁闭灌丛	—	—	—
2	稀疏灌丛	0.723	0.757	0.034
3	疏林草地	0.811	0.823	0.012
4	草地	0.430	0.423	−0.007
5	永久湿地	0.663	0.704	0.041
6	总体均值	0.446	0.44	−0.006

7.4.4 考察区俄罗斯部分草地区域 NDVI 变化情况分析

(1) 考察区俄罗斯部分草地区域总体 NDVI 变化

从图 7-30 来看，中蒙俄国际经济走廊俄罗斯境内 2006～2016 年的草地区域 NDVI 总体呈上升趋势，在 2015 年 NDVI 达到最大，约为 0.82。总体来看，2016 年 NDVI 相比于 2006 年有所增加，增长 2.52%。

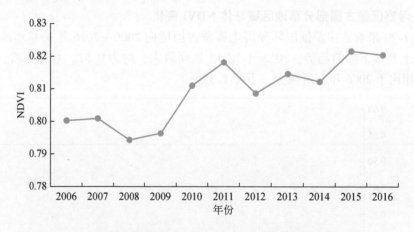

图 7-30 考察区俄罗斯部分 2006～2016 年草地区域 NDVI 变化

(2) 考察区俄罗斯部分草地区域五种类型 2006 年和 2016 年变化

通过对比 2006 年草地区域与 2016 年草地区域的 NDVI 得出，经济走廊俄罗斯境内草地资源的 NDVI 总体呈上升趋势。其中，永久湿地类型的 NDVI 变化最大，为 0.038；郁闭灌丛变化最小，为 0.005。各类型草地资源 NDVI 变化趋势如表 7-21 所示。

表 7-21　考察区俄罗斯部分 2006～2016 年各类型草地资源 NDVI 变化统计

序号	草地类型	2006 年 NDVI	2016 年 NDVI	2006～2016 年 NDVI 变化
1	郁闭灌丛	0.874	0.879	0.005
2	稀疏灌丛	0.736	0.752	0.016
3	疏林草地	0.804	0.816	0.012
4	草地	0.662	0.678	0.016
5	永久湿地	0.712	0.749	0.038
6	总体均值	0.739	0.754	0.015

7.5　草地区域 NDVI 的空间分布特征

7.5.1　中蒙俄国际经济走廊草地区域 NDVI 的空间分布特征

根据表 7-22 可知，中蒙俄国际经济走廊 2006～2016 年的 NDVI 总体呈上升趋势，NDVI 为 0.0022。2006～2016 年 NDVI 呈增加趋势的占经济走廊全区面积的 70.26%，其中，增加速率在 0～0.005 的面积占比最大，42.22%；其次是增加速率在 0.005～0.01 的面积占比，为 17.04%；增加速率大于 0.02 的面积占比最少，为 1.58%。NDVI 呈减少趋势的占全区面积的 29.74%，其中减少速率在 0～0.005 的面积占比最大，为 23.67%；减少速率大于 0.01 的面积占比最少，为 1.43%。

表 7-22　2006～2016 年经济走廊 NDVI 变化面积及占比

NDVI	面积/km²	面积占比/%	总计
<-0.01	47 066	1.43	978 338km² 29.74%
-0.01～-0.005	152 731	4.64	
-0.005～0	778 541	23.67	
0～0.005	1 388 672	42.22	2 310 902km² 70.26%
0.005～0.01	560 607	17.04	
0.01～0.015	218 467	6.64	
0.015～0.02	91 377	2.78	
>0.02	51 779	1.58	
总计	3 289 240	—	

草地 NDVI 减少区域主要集中在中蒙跨境、中俄陆路口岸等区域；草地 NDVI 增加区域则广泛分布于中、蒙、俄三国交界地区。NDVI 空间变化情况如图 7-31 和图 7-32 所示。

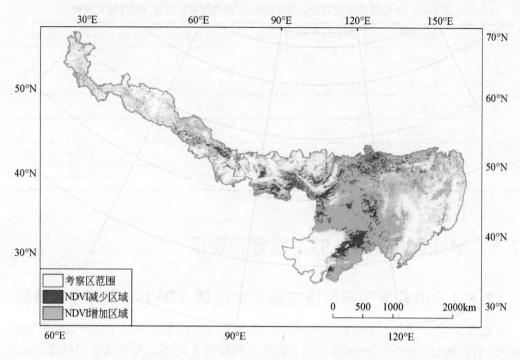

图 7-31   考察区 2006~2016 年 NDVI 变化分布

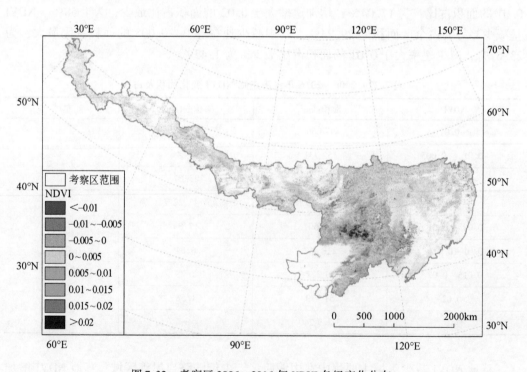

图 7-32   考察区 2006~2016 年 NDVI 各级变化分布

7.5.2　考察区中国部分草地区域 NDVI 的空间分布特征

根据表 7-23 可知，中蒙俄国际经济走廊中国境内 2006～2016 年的 NDVI 总体呈上升趋势，NDVI 为 0.0034。2006～2016 年 NDVI 呈增加趋势的占经济走廊全区面积的 74.65%，其中增加速率在 0～0.005 的面积占比最大，为 38.57%；增长速率大于 0.02 的占比最少，为 1.78%。NDVI 呈减少趋势的占全区面积的 25.35%，其中减少速率在 0～0.005 的占比最大，为 18.44%；减少速率大于 0.01 的占比最少，为 1.41%。

表 7-23　考察区中国部分 2006～2016 年 NDVI 变化面积及占比

NDVI	面积/km²	面积占比/%	总计
<-0.01	12 554	1.41	224 755km² 25.35%
-0.01～-0.005	48 671	5.49	
-0.005～0	163 530	18.44	
0～0.005	341 965	38.57	661 882km² 74.65%
0.005～0.01	185 110	20.88	
0.01～0.015	86 526	9.76	
0.015～0.02	32 523	3.67	
>0.02	15 758	1.78	
总计	886 637		

草地 NDVI 减少区域主要集中在内蒙古中部、中俄陆路口岸等区域，其他区域的草地 NDVI 呈主体增加格局。NDVI 空间变化情况如图 7-33 和图 7-34 所示。

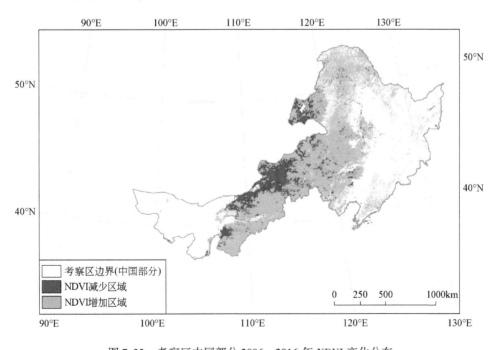

图 7-33　考察区中国部分 2006～2016 年 NDVI 变化分布

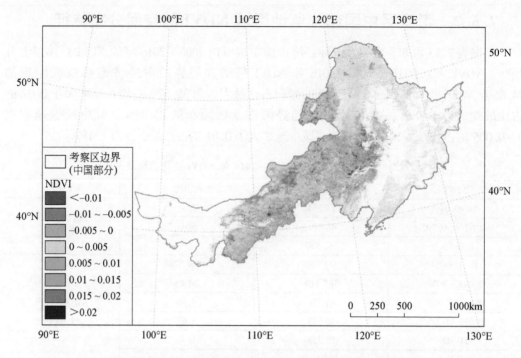

图 7-34 考察区中国部分 2006 ~ 2016 年 NDVI 各级变化分布

7.5.3 考察区蒙古国部分草地区域 NDVI 的空间分布特征

根据表 7-24 可知，中蒙俄国际经济走廊蒙古国境内 2006 ~ 2016 年的 NDVI 总体呈上升趋势，NDVI 为 0.0065。2006 ~ 2016 年 NDVI 呈增加趋势的占经济走廊全区面积的 81.89%，其中增加速率在 0 ~ 0.005 的面积占比最大，为 25.46%；增加速率大于 0.02 的占比最少，为 6.54%。NDVI 呈减少趋势的占全区面积的 18.11%，其中减少速率在 0 ~ 0.005 的占比最大，为 12.40%，减少速率大于 0.01 的占比最少，为 1.12%。

表 7-24 考察区蒙古国部分 2006 ~ 2016 年 NDVI 变化面积及占比

NDVI	面积/km²	面积占比/%	总计
<-0.01	5 422	1.12	87 830km² 18.11%
-0.01 ~ -0.005	22 255	4.59	
-0.005 ~ 0	60 153	12.40	
0 ~ 0.005	123 461	25.46	397 157km² 81.89%
0.005 ~ 0.01	122 143	25.18	
0.01 ~ 0.015	75 231	15.51	
0.015 ~ 0.02	44 601	9.20	
>0.02	31 721	6.54	
总计	484 987	100.00	

草地 NDVI 增加区域主要集中在苏赫巴托尔省、肯特省等区域。草地 NDVI 减少区域主要分布在乌兰巴托市西部区域。NDVI 空间变化情况如图 7-35 和图 7-36 所示。

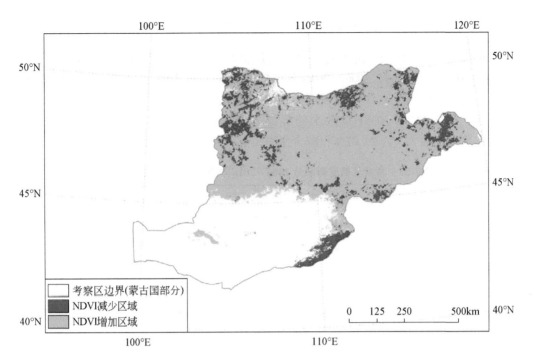

图 7-35 考察区蒙古国部分 2006～2016 年 NDVI 变化分布

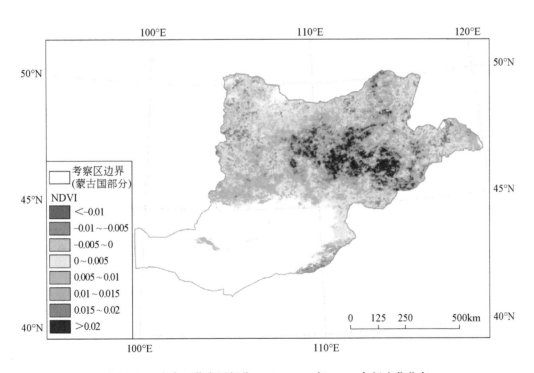

图 7-36 考察区蒙古国部分 2006～2016 年 NDVI 各级变化分布

7.5.4 考察区俄罗斯部分草地区域 NDVI 的空间分布特征

根据表 7-25 可知，中蒙俄国际经济走廊俄罗斯境内 2006～2016 年的 NDVI 总体呈上升趋势，NDVI 为 0.0009。2006～2016 年 NDVI 呈增加趋势的占经济走廊全区面积的 65.08%，其中增加速率在 0～0.005 的面积占比最大，为 47.98%；增加速率大于 0.02 的占比最少，为 0.22%。NDVI 呈减少趋势的占全区面积的 34.92%，其中减少速率在 0～0.005 的占比最大，为 29.07%；减少速率大于 0.01 的占比最少，为 1.53%。

表 7-25 考察区俄罗斯部分 2006～2016 年 NDVI 变化面积及占比

NDVI 均值	面积/km²	面积占比/%	总计
<-0.01	29 079	1.53	663 741km² 34.92%
-0.01～-0.005	82 156	4.32	
-0.005～0	552 506	29.07	
0～0.005	911 902	47.98	1 236 874km² 65.08%
0.005～0.01	250 129	13.16	
0.01～0.015	56 419	2.97	
0.015～0.02	14 167	0.75	
>0.02	4 257	0.22	
总计	1 900 615		

草地 NDVI 增加区域主要集中在中蒙俄三国交界的外贝加尔边疆区。草地 NDVI 减少区域则分布在经济走廊沿线人类活动强度较大的新西伯利亚等区域。NDVI 空间变化情况如图 7-37 和图 7-38 所示。

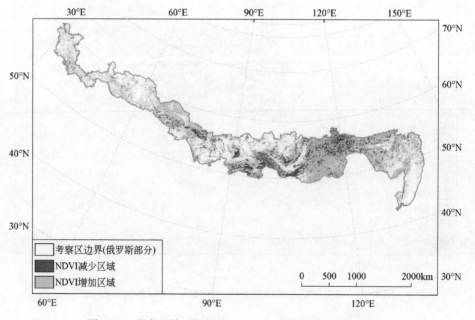

图 7-37 考察区俄罗斯部分 2006～2016 年 NDVI 变化分布

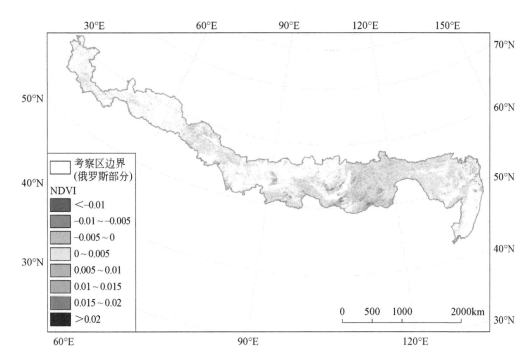

图 7-38　考察区俄罗斯部分 2006～2016 年 NDVI 各级变化分布

7.6　中蒙俄国际经济走廊各国草地资源情况、成因和政策分析

7.6.1　中国草地资源现状及成因分析

7.6.1.1　草地资源概况

中国的草地范围从东北平原到西南部的青藏高原（即纬度范围 35°N～50°N），其中大约 80% 的区域被地带性草原占据，20% 的区域被地带性草甸占据。沿西北方向，与蒙古国和俄罗斯的草地相接。与畜牧业发达的国家相比，中国草原牧区的自然条件比较恶劣，气候寒冷，风大沙多，无霜期短；草原虽然面积广阔，但草原退化严重且生产力低。牧区水资源缺乏，人均资源占有率低。畜牧业基础设施建设落后，且机械化程度低。牧民总体受教育程度较低。

20 世纪 50 年代，我国推行"以粮为纲"的耕地农业，曾对草原进行过 4 次大规模开垦，合计共开垦草原约 $1.87×10^7 hm^2$，约占现有耕地面积的 18.2%，占目前全国草原总面积的 5%。其中，50% 已因生产力低下而被撂荒或演变为沙地（苏和等，2005）。同时由于农耕，有 $2.53×10^7 hm^2$ 草原退化。随着农耕、开矿以及采、挖等原始商业活动，草原人口骤增，20 世纪 50 年代至 21 世纪初，五大草原牧区的人口增长 2 倍多，高出全国增长率近 1 倍（吴精华，1995）。

根据《中国生态环境状况公报》，1997～1998 年，我国 90% 以上的天然草地处于不同程度的退化，可利用草地面积以每年 2% 的速度加速退化。

草原是我国陆地生态系统中的重要组成部分，我国草地面积近 4 亿 hm^2，占世界草地面积的 8.0%，占国土总面积的 41.7%。内蒙古拥有广阔的天然草地，是我国连片分布的最大草原区，是欧亚大陆草原区亚洲中部草原亚区的重要组成部分。据统计，内蒙古现有天然草地 $7.9 \times 10^7 hm^2$，占自治区总土地面积的 66.7%。草原面积是内蒙古耕地面积的 13.5 倍，森林面积的 3.5 倍，占全国草原面积的 22%，位居全国首位。其中，天然草原面积 7860 万 hm^2，可利用草原面积 6530 万 hm^2，占全区草原总面积的 80.7%。由于受东南海洋性季风影响，气候干湿情况不一，加之大兴安岭和阴山山脉等山地隆起的影响，出现了复杂多样的草原类型和景观。草原类型丰富多样，包括 8 个草原类、21 个草原亚类、134 个组和 476 个型。草原类分别为温性草甸草原类、温性典型草原类、温性荒漠草原类、温性草原化荒漠类、温性荒漠类、山地草甸类、低平地草甸类、沼泽类。内蒙古草原不仅是重要的绿色生态屏障，有助于减少沙尘暴和恶劣天气的发生，而且也是国家重要的畜牧业生产基地，同时也是京津地区重要的绿色生态屏障。主要由呼伦贝尔草原为代表的草甸草原，锡林郭勒草原为代表的典型草原和以短花针茅为代表的荒漠草原组成（杨殿林，2005；王永明，2007；王明君，2008；占布拉等，2010）。

7.6.1.2 草地资源变化影响因子

（1）气候变化

温度升高是气候变化的主要表征之一，无论在全球还是国家尺度，都有大量的数据可以证明。内蒙古草原区地处北半球，是温度变化最为明显的地带之一。近年来大量的以点代区的研究结果不断支持气温升高的结论。多年来，干旱一直是制约中国北方地区农牧业发展的主要气象灾害。有研究证实，近 50 年来中国北方一些地区降水量明显减少，这将预示着干旱的加重，这一趋势和结果必将对农牧业生产造成日益严重的影响（丁勇等，2012）。

（2）人为干扰

草地资源因开垦，优良草地面积减少，导致放牧压力和放牧制度失常，中国草地资源普遍因放牧过重而遭受破坏。在社会向草原资源索取经济效益的同时，对草原的投入却微不足道。从 20 世纪 50 年代至 20 世纪末，用于我国草原建设的经费不足 30 亿元，平均每年每亩草原只有几分钱（任继周，1999）。过去数十年的掠夺式经营，不仅导致 90% 的可利用草原不同程度的退化，并以每年 $2.0 \times 10^6 hm^2$ 的速度增加，终于在 21 世纪初沙尘暴等生态灾难频发，沙漠化逼近北京。生态的恶化导致草原生态系统自组织功能衰退。全国草原的产草量较 20 世纪 50 年代下降 30%～60%（任继周等，2016），牧业凋敝，牧民贫困，全国出现"三牧"问题。草原生态系统遭受到了历史上最深度的破坏。

（3）草地资源管理现状

在草原牧区，将草地分包到户，以网围栏围圈各户的地块边界。不仅无视放牧系统单元的基本原则，而且破坏了牧道、水源和野生动物的通道，将草原生态系统撕裂成碎片。后来发现这对草原畜牧业危害很大，想以组织联户或合作社集体生产，恢复草原合理放牧系统加以补救。但已经耽搁了十年甚至几十年的时光，草原已经遭受重创。当初国家花费巨资建设的网围栏，目前不少地区又拆除。这一建一拆之间，不仅造成了巨大浪费，也加重了草原的破坏。

在耕地农业的思维框架下，未能打破植物生产与动物生产的壁垒，实行两者的系统耦合，提升两者的整体生产力，而是对草原做封闭式建设。将放牧误解为落后的生产方式，大规模推广禁牧，打算以舍饲完全代替放牧，只能做出"以草定畜"的简单结论，提出"退牧还草"的措施。"以草定畜"和"退牧还草"以减轻草地负荷，本身并没有错误，短期也会见效。但这只看到问题的一面，忽略了更为基本的一面，即现代草地农业的精髓，植物生产与动物生产之间的系统耦合。放牧是现代草地农业的必要环节，系统耦合可以成倍地提高草地生产力。

(4) 草地资源利用政策

中国国土资源管理的权利主要集中在中央政府，地方政府负责执行政策。中国草地的主要管理机构是农业农村部畜牧兽医局下属的饲料饲草处。从中央到地方都属畜牧部门管理，包括草地行政管理部门、授权的草地执法机构和草原工作站。草地行政管理部门主要负责制度建设、草地资料统计、草地保护、制定草地建设和利用的规划和计划、实施草地综合发展示范项目。草原监理机构是同级草原管理部门的行政执法机构，行使本行政区域内草地执法的工作。牧区较大的省（自治区），如内蒙古、新疆、青海、甘肃等，都设有畜牧厅草原处和省级草原监理总站，部分县（旗）设有草原监理站（所），有的乡（苏木）设有专职或兼职的草原监理人员。目前，国家绿色发展规划十分重视草地恢复。随着 1985 年《草原法》的颁布，第一次尝试改善牧场及其管理。自 1990 年以来，政府及相关部门制定了一系列保护草原环境和资源的政策法规。在草原生态保护补助奖励政策的推动下，草原承包、草原基本保护、草畜平衡、禁牧休牧等各项政策的实施步伐明显加快。

7.6.2　蒙古国草地资源现状及成因分析

7.6.2.1　蒙古国草地资源现状

蒙古国是典型的草原畜牧业国家，地处亚洲中部内陆，南与中国接壤，北与俄罗斯相邻，属典型的大陆性气候。蒙古国国土总面积 15 640 万 hm^2，蒙古国的草原覆盖国土面积的83.9%，这些草地占据着森林和荒漠之间的亚洲中部的过渡地带。农牧业用地 $1.16 \times 10^9 hm^2$，其中适合草原畜牧业经营的草牧场面积约 $1.13 \times 10^9 hm^2$，占农牧业用地总面积的97.4%（胡自治，1999）。根据蒙古国土地资源研究机构的分类，草牧场分九大类型。与我国和俄罗斯一样，蒙古国的草原以禾草为特征，主要是针茅属、羊茅属和几种豆科植物，近荒漠处有灌木。蒙古国畜牧业历史悠久，因牧场经营管理方式滞后，单位面积草地生产力水平低下。牧民逐水草而居，生活福祉无法得到保障。

就地理分区和景观格局而言，蒙古国 200mm 等降水量为干旱和半干旱区的分界线，将蒙古国分为南部和北部两大部分。将南部分区中阿尔泰山所在的 5 省划分为阿尔泰山区，其余 6 省归为南部戈壁区。蒙古国景观格局整体上呈现由北向南从森林景观到典型草原景观到荒漠草原景观，再到裸地景观的分布格局，具有明显的纬向地边的规律。

蒙古国草原植被，尤其是戈壁、荒漠化地带草原植被十分脆弱，加之全球气候变暖、牲畜头数的快速增长的影响，全国草地生产率逐步下降、饲草料储备量不足。20世纪90年代初，蒙古国宣布了"草牧场为全民所有"和"对于居住地选择上的国民自由"，直接导致草地利用管理不合理（娜仁，2008）。据蒙古国2000年相关部门测定，蒙古国牧场载畜量为 $6.5×10^7 ~ 7.5×10^7$ 羊单位，但不同地区草原载畜量分布极不均匀，部分地区超载现象十分严重，而在东部草原带草地利用率仅占47%。根据2008年统计数据，对整个蒙古国草场而言，超载率达32.5%，而且快速增加的山羊放牧头数导致蒙古国放牧草地畜群结构失调（布仁高娃，2011）。

自1961年起蒙古国草地开始逐步退化，1986年后退化加剧。截至2007年，蒙古国已有72%以上的土地出现了不同程度的荒漠化，其中23%的土地轻度荒漠化、26%的土地中度荒漠化、18%的土地重度荒漠化、5%的土地极重度荒漠化（胡孝东，2012）。1961~2006年，蒙古国森林草原、典型草原、山地草原、荒漠草原、荒漠的植物种类减少率分别为50%、44.73%、30.3%、23.8%和26.7%。优质的牧草逐渐衰退或被劣质矮树丛、灌木丛等植物取代，植物种类逐年减少，草原饲用价值逐年下降。同年，各类型草地的牧草生产量下降率分别为40.54%、52.17%、39.28%、33.33%和28.57%（布仁高娃，2011）。

20世纪50年代末，蒙古国为发展种植业开始进行农田开垦，却导致一定数量优质草原的丧失（娜仁，2008）。1959~1964年，蒙古国首次农田开垦面积为34.5万 hm^2，1976年第二次农田开垦面积为25万 hm^2，1990年时已经有了120万 hm^2 农田面积。但由于种植经验不足，并缺乏科学研成果支持等因素，不适宜种植的土地被大面积开垦，到1967年，22.2万 hm^2 农田已成荒地。1990~1998年，对124万 hm^2 农田的退化程度进行研究发现，46.9%的农田土壤已被侵蚀，其中13.4%的农田被重度侵蚀。截至2010年，蒙古国有1651.61万 hm^2 草场闲置（布仁高娃，2011）。

此外，蒙古国矿产资源丰富，矿产行业中开展矿业活动所涉及的面积达 $2851.09hm^2$，剥离面积达 $2503.252hm^2$。矿产开采后恢复生态工作做的不到位，2005年恢复率为34.3%，2006年为44.1%，2007年为53%，仅仅恢复了开采面积的一半（布仁高娃，2011）。

7.6.2.2 草地变化影响因子分析

(1) 气候变化

全球气候变化的持续已经对土壤湿度、温度、植被覆盖和草食动物的栖息地产生了负面影响。1940~2001年蒙古国地表年平均气温上升了1.66℃，冬季增温快于夏季。高山峻岭地区及其山谷的气候变暖更为明显，戈壁沙漠的气候变暖则更少。蒙古国中部的年平均降水量一直在减少，而东部和西部地区的年平均降水量都在增加。从季节上看，冬春季降水量均有所减少，夏秋季无变化。近年来发生的严重干旱很可能是由于气温升高和降水减少。气候变化是蒙古国牲畜动态的主要驱动因素（Batima et al.，2005）。积雪提前融化和春季降水减少可能导致草原最大放牧区4~5月牧草生物量减少20%~40%（Bolortseg，2002）。

沙漠和荒漠草原地带的强沙尘暴对土壤造成生态破坏，表现为侵蚀加剧、植物根系裸露和水分流失。荒漠化使环境恶化,生物资源减少。由于气候变暖、降水分布不均、干旱频繁,以及过度放牧、耕地和居民点水土流失、矿产资源开发等破坏性人类活动,蒙古国干旱地区荒漠化加剧。荒漠化使植物正常繁殖的环境和条件恶化,从而减少了沙漠及荒漠草原地带珍稀动植物的资源。此外,荒漠化增加了洪水、土壤侵蚀和肥沃土壤淋溶的发生。蒙古国 70% 的国土已出现不同程度的荒漠化,特别是沙漠和荒漠草原地带。

一些啮齿动物,特别是布氏田鼠在某些牧场造成了严重的问题。布氏田鼠已经占据了超过 4000 万 hm^2 的草原地带。啮齿动物分布的核心区域目前约为 290 万 hm^2,并呈现出进一步扩展的趋势。到 1997 年,布氏田鼠蔓延到的地区面积达到 800 万 hm^2,导致 90% 的覆被恶化。人畜集中而导致的城市及周边地区的环境恶化也将继续。

(2) 人为干扰

过去几年的研究表明,城市面积的扩大、人口增长、采矿活动、牧场和耕地的持续退化、砍伐或采伐、动植物物种的集约利用以及空气、水与土壤污染,都降低了蒙古国的生物多样性。同时,由于人口增长和工业活动的增加,需要重新设计全国的土地利用格局。蒙古国领土的 11.2% 为森林,1.4% 为水,77.4% 为农业用地(包括牧场),0.3% 为城市用地,5.2% 为基础设施和工业发展及国防用地。

20 世纪初以来,随着蒙古国新工业部门的发展、城镇和定居点的建设、人口与牲畜在城市地区及其周边地区的集中,出现了过度放牧、牧场退化和环境普遍恶化的问题。同时,牧场的产量也有下降的趋势。例如,荒漠草原和草原地带植被覆盖减少,以及每平方单位的物种数量减少。每年干旱次数的增加、持续时间的延长和范围的扩大都在加剧环境恶化,减缓植物生长。目前,蒙古国约有 3000 万头牲畜在 1.28 亿 hm^2 的牧场上放牧。由于过度开发,城市和郊区以及 40 多年来一直用于畜牧业放牧及灌溉的水体受到严重破坏。目前,约有 70% 的牧场面临不同程度的退化(表 7-26)。

表 7-26 蒙古国草地退化情况

省名称	草场退化的程度				
	未退化的	低(10%)	中(20%)	高(30%)	很高(超过50%)
鄂尔浑省	134.8	988.2	2 470.7	898.4	
巴彦乌列盖省	41.7	584.1	2 086.3	1 251.7	208.6
巴彦洪戈尔省	238.2	1 905.3	5 716.1	1 667.2	
布尔干省		727.4	2 727.7	181.8	
戈壁阿尔泰省	276.9	1 846.2	5 815.5	1 292.3	
东方省		2 125.2	7 332.0	1 168.9	
东戈壁省		3 768.3	5 092.3	1 324.0	
中戈壁省		2 218.3	4 436.7	517.6	221.8
扎布汗省		1 031.0	3 711.8	2 130.8	
乌布苏省		598.2	2 392.9	2 692.0	229.1
南戈壁省		9 097.0	4 108.3	1 467.0	

省名称	草场退化的程度				
	未退化的	低（10%）	中（20%）	高（30%）	很高（超过50%）
苏赫巴托尔省		772.6	6 181.8	772.7	
色楞格省	98.3	590.0	393.3	786.6	98.3
图瓦省	180.1	660.3	2 461.1	2 401.1	300.2
乌布斯省	282.1	1 410.5	1 974.7	1 974.7	
科布多省		604.0	3 321.7	2 114.0	
库苏古尔省	590.5	1 181.2	2 066.9	2 066.9	
肯特省	305.5	1 955.0	2 016.1	1 221.9	611.0
达尔汗省				44.6	
鄂尔浑省					75.5
巴彦乌列盖省				53.0	
巴彦洪戈尔省					
总计	2148.1 （1.78%）	30 881.6 （25.63%）	60 984.2 （50.61%）	24 734.9 （20.53%）	1 744.5 （1.45%）

牧草饲料产量下降至2%，每平方千米的植物种类减少至16.7%。其中，荒漠、荒漠草原和草原地带的草地退化程度有较大幅度的增加，几乎占蒙古国牧场的一半。此外，在人口和牲畜密集的山林区，河流、泉水、小溪、湖泊、池塘和其他水库旁边，城市地区及周围也观察到明显的恶化迹象。1970～1990年，荒漠和荒漠草原区牧场不同植物种类的数量从33种减少到18种，每公顷饲料产量从0.32t减少到0.23t。

迫切需要为区域发展、自然保护以及防止环境恶化和人类破坏性活动制定一项综合政策，以使牧场免于进一步退化。这项政策还应包括牲畜数量的调节、各种人类活动、土地恢复、建立可持续经济发展的法律基础等方面。

（3）草地管理现状

为了不超过牧场的承载能力，蒙古国已经确定了一些条件以减少人口密度，控制牲畜数量并改善其品种，人工增加饲料，对牧场进行灌溉；简而言之，促进牧场的可持续利用。通过无害环境的方式消除有害昆虫和啮齿动物的工作已经开始，并将有利于草地和其他植物的生长。此外，一些地区组织的牧草轮作也促进了草地恢复。

近年来蒙古国开始发展现代农牧业，制定了发展远景规划，加大了农牧业的投资力度。在搭建棚圈、增加水利建设、保障牲畜饮水、开展兽医工作、增加农牧业机械化等方面都有所提高。

（4）政策

蒙古国对植被的种类组成、分布、草地承载力和质量进行了评价，并于1996年绘制了1∶10万的蒙古草场和牧草生产区图。该图为合理利用草场，恢复退化草场提供了科学依据。目前的环境立法和政策文件，都为恢复受损牧场作出了积极贡献。根据《土地法》，牧场只能集体所有，宪法禁止牧场私有制。《土地法》第54条规定了地方当局在保护和使用牧场方面的责任。它要求南部各省省长与相关专业组织合作，并考虑到土地使用传统、合理的土地使用和保护要求，开展土地管理活动，以确保国家牧场的保护和合理使用。因为土地准入没有限制，1994 年《土地法》制定的蒙古国牧场"开放准入"制度导致最肥沃地区过度放牧。将牧场分配给牧民社区越来越被视为过度放牧的补救措施。2010 年，蒙古国议会起草了一项关于牧场使用的立法提案。有人认为这项立法草案依赖自上而下的方法，强调加强国家组织及其活动，没有充分解决牧场框架的弱点。

7.6.3 俄罗斯草地资源现状及成因分析

7.6.3.1 俄罗斯草地资源现状

俄罗斯拥有草地面积 626 万 km^2，占总土地面积的 37.13%。俄罗斯注重牧草加工储藏技术推广，牧场机械化程度高。刈割干草是俄罗斯牧民的传统，以维护冬季及干旱季节放牧的生产力，调节鲜草供应，提供越冬储备。季节性轮牧也是俄罗斯所采用的放牧方法之一。

俄罗斯草原广阔，土壤肥沃、资源丰富，由于跨越的自然地带丰富，各地的环境条件差异较大。俄罗斯主要草地类型为欧亚大陆草地、林间草地。总体上看，俄罗斯草原生态保护较好，草地生产力水平较高。俄罗斯政府在《俄罗斯联邦资源政策的任务和优先方向》（陈洁，2007）中强调，要建立新的、以自然环境保护为目标的国家政策，使自然资源得到合理利用，减少对自然资源的破坏、污染和滥用。俄罗斯属于资源分散管理的国家，通过由政府或社会组建的协调机构来实现对资源的综合管理。但目前，俄罗斯自然资源部的职能正在不断扩大，正在逐步把森林资源、野生动植物和环境、生态等管理职能合并进来，以强化相关职能，对自然资源进行更加有效的管理。俄罗斯自然资源部与联邦地籍局除负责资源管理外，还对资源产业的发展通过立法、自然资源开发许可证管理、规划、权属登记、资源补贴、鼓励投资和税收等手段进行引导。俄罗斯注重草地建设和保护，对草地实施灌溉、施肥、围栏、补播、更新等。俄罗斯还注重栽培高产饲料作物，利用遗传工程技术进行牧草育种。俄罗斯比较重视草地生产机械化水平的提高和牧草调制与加工储藏新技术的推广应用。近年来，俄罗斯还加强了对草地资源的监测工作。

1990 年俄罗斯农田和草地的总植物质量为 2186.8Tg（干物质），其中农田为 1441.0Tg，牧场为 745.8Tg。地上植物占 57%，地下植物占 43%。有研究发现，俄罗斯西部莫斯科周围地区严重退化（Gibbs et al.，2015）。

7.6.3.2 草地资源变化的成因

(1) 人为因素

在过去的 50 年里，俄罗斯农业引进了仿照欧洲工业技术的机械化混合耕作方法，导致牧场退化和表层土壤流失。大量使用重型机械种植饲料作物，造成土壤流失。此外，一年大部分或全部时间牲畜被关在同一个围栏，导致持续放牧和践踏植被（Sneath，1998）。

（2）草地资源利用政策

俄罗斯对草地资源进行管理的是联邦政府的自然资源部。通过立法、自然资源开发许可证管理、规划、权属登记、资源补贴、鼓励投资和税收等手段来引导自然资源产业的发展。俄罗斯联邦政府 2001 年批准了俄罗斯的"生态和自然资源联邦专项计划（2002～2010 年）"。这一计划从国家层次对自然资源进行统一管理。2001 年颁布的《俄罗斯联邦土地法典》明确了国家对土地进行监控的职能，规定了土地流通的有限性，同时就生态环境与土地保护相关内容提出了相应规定。俄罗斯注重牧草加工储藏技术推广，牧场机械化程度高。

7.7　小结

中蒙俄草原之路经济走廊草地资源丰富，2016 年经济走廊内的草地总面积约为 381 万 km²。其中，草地类型面积占比最大，约占总面积的 51.2%。

草地资源分布方面：俄罗斯的草地资源最为丰富，2016 年经济走廊区域的草地总面积达到了 213 万 km²；中国次之，2016 年经济走廊区域的草地总面积约为 106.8 万 km²；蒙古国经济走廊区域的草地面积相对最小，但集中连片，面积约为 61 万 km²。

草地资源变化趋势方面：经济走廊内草地资源面积整体呈下降趋势，2006～2016 年，经济走廊草地资源总面积下降了 3 万 km²，下降了约 1%。其中，中国草地面积减少趋势最为显著，10 年间草地面积减少约 4%；蒙古国草地面积呈增长态势，10 年间草地面积增加了 1.7%。

草地资源变化趋势方面：从图 7-15 来看，中蒙俄国际经济走廊 2006～2016 年的草地资源 NPP 均值总体呈现上升趋势，2006～2014 年呈现平稳的增长，在 2014 年 NPP 均值达到最大，约为 357g·C/m²。2014～2015 年 NPP 均值趋势有所下降，2015 年呈上升趋势。总的来看，2016 年的 NPP 均值相比于 2006 年有所增加，增长 12.02%，每平方米约增加 35.8g·C。

草地资源质量方面。采用 NDVI 均值指标来侧面反映草地资源的郁闭程度、草地植被长势。经分析，2006～2016 年，经济走廊存量草地资源的 NDVI 均值呈上升趋势，增长了约 1.18%；其中，俄罗斯境内草地 NDVI 均值增幅最高，增长了约 2.52%；中国增长次之，增长了约 0.39%；而蒙古国草地 NDVI 均值呈下降趋势，下降了约 1.32%。

第8章 中蒙俄国际经济走廊生态风险评价

随着工业化和经济社会的快速发展，人类正以空前速度和规模改变着自然，由人类自身活动和气候变化引起的各类环境变化，已经达到前所未有的强度，对人类社会的生存与发展构成极大的威胁。中蒙俄国际经济走廊地区地理环境复杂多样，生态环境脆弱，干旱、森林与草原火灾、雪灾、土地荒漠化及沙尘暴等生态灾害频发，对中蒙俄国际经济走廊地区的经济、社会、交通等的发展产生不利影响。本章对中蒙俄国际经济走廊地区的干旱、荒漠化与沙尘暴、雪灾等生态灾害风险进行了分析，并分别选择蒙古高原和中蒙俄三国跨境地区为典型地区，对其干旱与野火灾害的发生风险进行了分析研究，以期了解其生态灾害风险发生的时空格局与演变。

8.1 干旱的时空格局演变

干旱是中蒙俄国际经济走廊区域影响范围最广的极端气候灾害之一，对该区域生态环境、生物多样性保育、植被变化、森林草原火灾、人类的生产生活，甚至社会稳定等均产生较大影响，也一直是生态、气候与地理学家们广泛关注的灾害问题。

8.1.1 中蒙俄国际经济走廊干旱时空格局

8.1.1.1 数据获取

本小节获取的数据集是 GIMMSNDVI3g 数据集，空间范围覆盖中蒙俄国际经济走廊"五带六区"，时间范围为 1981~2015 年，空间分辨率为 1/12°（约 8km），时间分辨率为15 天。

8.1.1.2 研究方法

植被状态指数（VCI）定义如下：

$$VCI_j = \frac{NDVI_j - NDVI_{min}}{NDVI_{max} - NDVI_{min}} \tag{8-1}$$

式中，VCI_j 是 j 时期的植被状态指数；$NDVI_j$ 是 j 时期的 NDVI 值；$NDVI_{max}$ 是所有像元中最大的 NDVI 值；$NDVI_{min}$ 是所有图像中最小的 NDVI 值。根据 VCI 进行干旱等级划分，如表 8-1 所示。

8.1.1.3 结果分析

选取 VCI 作为衡量中蒙俄国际经济走廊干旱情况的指标，获取了 1981~2015 年年度

表8-1　基于VCI进行干旱等级划分

VCI 数值范围	干旱等级
0~0.3	重旱
0.3~0.5	中旱
0.5~0.7	轻旱
0.7~1.0	无旱

时空分布（图8-1），结果发现，该区域干旱呈现出明显的空间差异，干旱严重的发生地区主要集中于蒙古国东南部、中国内蒙古中部地区，科尔沁沙地等地区也呈现出一定的干旱，俄罗斯区域总体上干旱程度较低。植被覆盖度的高低一定程度上决定了该区域的干旱程度，即植被覆盖度高的地区干旱程度较低，植被覆盖度低的地区干旱程度较高。不同年份的干旱程度有所不同，个别年份干旱程度加重且分布十分广泛。从VCI多年均值来看，在研究时段内，该区域均有不同程度的干旱发生。从多年状况来看，中蒙俄国际经济走廊的南部区域，即蒙古国东南部，以及中国内蒙古中部、科尔沁沙地地区以重旱和中旱为主；该区域东部，即蒙古国东部及北部，中国内蒙古东部、黑龙江部分区域，以及俄罗斯的东部以轻旱和中旱为主；中国大小兴安岭区域及中蒙俄国际经济走廊的西部地区以轻旱和无旱为主。

从干旱发生频次和VCI多年变化来看（图8-1），在蒙古国东部、内蒙古中部地区，不仅干旱发生程度严重且发生频次高；在经济走廊的北部地区及中部地区，干旱发生频次很低；其次为经济走廊的东部地区，中国的大兴安岭等区域，干旱发生频次也较低。

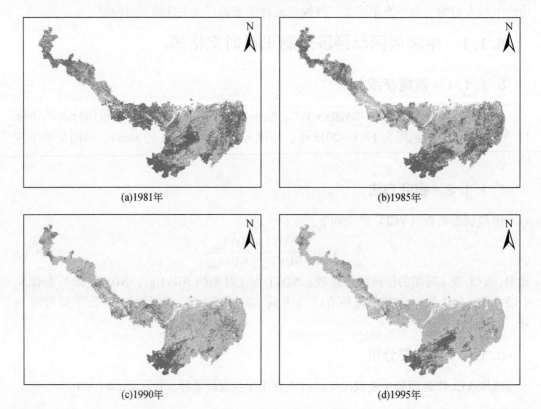

(a)1981年　　　　　　　　　　　　　　　(b)1985年

(c)1990年　　　　　　　　　　　　　　　(d)1995年

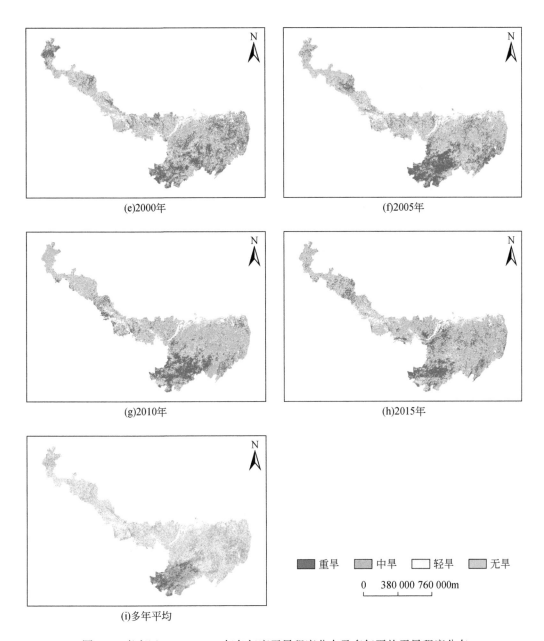

图 8-1　考察区 1981~2015 年各年度干旱程度分布及多年平均干旱程度分布

　　总体来看，1982~2015 年，VCI 指数呈增加趋势，由 1981 年的 0.36 增加到了 2015 年的 0.58，这说明，该区总体干旱程度呈缓解趋势。

　　我们统计了各干旱程度占全区总面积的比例，结果表明，重旱在 1981 年、1982 年、1983 年、1984 年、1985 年、1992 年、1993 年、2003 年及 2009 年所占比例最大，均占到全区面积的 24% 以上。其中，重旱在 1981 年、1982 年所占比例最大，分布最广泛，占全区面积的 40% 以上；2003 年和 2009 年，干旱程度也较重，重旱面积占全区面积的 30% 以上，总体来看，重旱的比例总体上呈减少趋势。中旱面积也呈轻微减少趋势；轻旱的面积总体来看变化较小，维持在 20%~30%，无旱面积呈增大趋势，其中，1995

年、1997 年、1999 年、2008 年、2010～2015 年无旱的面积比例在各类干旱程度中最大，这说明在这些年份，该区的干旱程度非常低。2010～2015 年无旱的面积比例可达到 35% 以上。总体来看，1981～2015 年，中蒙俄国际经济走廊的干旱程度呈现减轻的趋势（图 8-2 和图 8-3）。

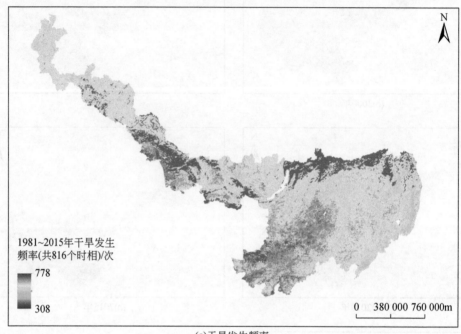

(a)干旱发生频率

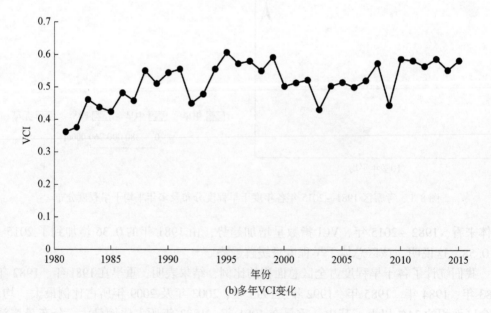

(b)多年VCI变化

图 8-2　考察区 1982～2015 年干旱发生次数及多年 VCI 的变化

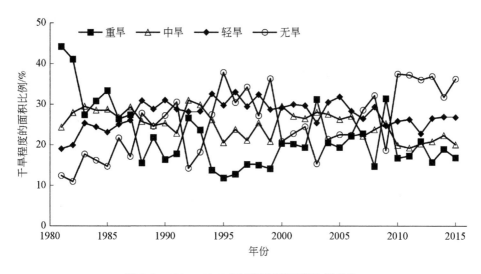

图 8-3　1981～2015 年干旱程度面积比例变化

8.1.2　蒙古高原的干旱时空格局演变特征

8.1.2.1　研究区介绍

蒙古高原位于 87°40′N～122°15′N，37°46′E～53°08′E，东起大兴安岭西麓，西部为萨彦岭和阿尔泰山脉所环绕，北界为萨彦岭、肯特山以及雅布洛诺夫山脉，南部以阴山山脉为界。蒙古高原大致包括了蒙古国全部地区，俄罗斯联邦西伯利亚部分地区，以及中国内蒙古自治区和新疆维吾尔自治区的部分地区。蒙古高原作为欧亚大陆高原在中亚和东北亚地区的延伸，平均海拔 1580m，整体地势西高东低。蒙古高原远离海洋，周边为中、高山地所环绕，是典型的大陆性气候区，其气候特点为冬季严寒漫长，夏季炎热短暂，降水稀少；除高原东部、东南部以及北部等少数地区外，蒙古高原绝大部分地区年降水量均少于 400mm。为了研究需要，本研究的研究区界定为蒙古国、中国的内蒙古自治区以及俄罗斯的图瓦共和国，为了表述方便，本研究称此研究区为蒙古高原。

蒙古国国土面积 156.65 万 km²，人口 240 多万，是世界第二大内陆国。境内西部和北部地势高峻，北部多山地和高原，平均海拔约 1600m，山地主要有阿尔泰山、唐努山、杭爱山等。山地之间多内流水系、湖泊和盆地。蒙古国境内有多条河流，色楞格河为境内最大河流，向北注入俄罗斯的贝加尔湖。蒙古国属典型的大陆性高寒气候，夏短而热，冬长而寒。蒙古高原北部为高压中心，是亚洲"寒潮"的发源地之一，冬季气温达到-30℃以下，戈壁滩上的积雪可以持续到 4 月，一些湖泊结冰可以持续至 6 月。夏季气温可达到 40℃以上，6 月中旬到 9 月为雨季，年平均降水量约为 200mm，年日照天数达 260 天以上。蒙古国境内天然牧场辽阔，占国土面积的 83%，人均草原面积居世界之首。近几十年，在自然和人为因素的干扰下，蒙古国草原荒漠化面积不断扩大，沙化草原、戈壁面积占天然牧场近 50%。蒙古国森林面积占国土面积的 10% 左右，主要分布于蒙古国北部地区。畜牧业是蒙古国国民经济的基础，主要饲养羊、牛、马及骆驼，皮革、马具、皮靴、羊毛、乳肉食品等为主要畜产品。蒙古国有丰富的地下矿产资源，如煤、金、铜等，其中煤的蕴藏量达3000亿t；工业以轻工、食品、采矿为主。旅游收入是蒙古国的一大收入来源。

内蒙古自治区位于中国的北部边疆，由东北向西南斜伸，呈狭长形，其北部同蒙古国和俄罗斯联邦接壤，国境线长4200km。经纬度东起126°04′E，西至97°12′E，横跨经度28°52′，东西直线距离约2400km；南起37°24′N，北至53°23′N，跨越纬度15°59′，直线距离约1700km；全区总面积118.3万km²，占中国陆地面积的12.3%，是中国第三大省份。全区地势较高，平均海拔约1000m，基本上是一个高原型的地貌区。在世界自然区划中，内蒙古自治区位于著名的亚洲中部——蒙古高原的东南部及其周沿地带，统称内蒙古高原。内蒙古高原是中国四大高原中的第二大高原。内蒙古自治区在内部结构上又有明显差异，其中高原约占总面积的53.4%，山地占20.9%，丘陵占16.4%，平原与滩川地占8.5%，河流、湖泊、水库等水面面积占0.8%。

图瓦共和国是俄罗斯联邦中的一个主体行政单位，属于西伯利亚联邦管区的一部分，首府为克孜勒。图瓦共和国地处亚洲中部、中西伯利亚南部、叶尼塞河上游，其南部和东南部是蒙古国，四周被塞留格木山、唐努山、西萨彦岭和东萨彦岭环抱，东部为上叶尼塞盆地，地貌以森林、草甸和草原为主。该区南北距离为420km，东西距离为630km，总面积为23.63万km²；气候属于温带大陆性气候，冬季寒冷，夏季温暖。1月平均气温-32℃，7月平均气温18℃。该区矿产资源丰富，出产有色金属、稀土、煤、石棉、铁矿、汞及各种建筑材料。其境内的大多数河流流经高山，所以水力资源丰富。此外还有50多个含碳酸盐的温泉，木材资源也极为丰富，总储量达1亿m³；主要河流有叶尼塞河等。

8.1.2.2 数据来源

本研究获取的数据及来源如下。

1）MODIS数据来源于 https://ladsweb.modaps.eosdis.nasa.gov/search/，数据主要有：MOD11A2全球1km地表温度和发射率8天合成L3产品，时间序列为2000年第65天到2018年第353天；MOD13A2全球1km分辨率16天合成植被指数数据，时间序列为2000年第49天到2012年第353天。

2）1981～1999年按旬合成植被指数数据集来源于 Twenty-yearGlobal4-minitute-AVHRRNDVIDataset数据集；同期按旬合成地表温度数据来源于其第4、第5通道的热红外亮温数据集，空间分辨率为8km，时间序列为1981年7月13日～1999年12月21日（缺少1994年第26～第36旬数据），数据集包括：①第一通道（Ch1）的反射率（0.58～0.68um）百分比（0，100）；②第二通道（Ch2）的反射率（0.72～1.10um）百分比（0，100）；③第三通道（Ch3）的亮温值（3.55～3.95um）开氏温标（160，340）；④第四通道（Ch4）的亮温值（10.3～11.3um）开氏温标（160，340）；⑤第五通道（Ch5）的亮温值（11.5～12.5um）开氏温标（160，340）。

3）气象数据。气象数据是世界气象组织的世界天气监测网计划（World Weather Watch Program）与"中国北方及其毗邻地区综合科学考察"项目组进行数据共享和交换的数据，时间序列为1981～2010年，包括全境793个气象站点的月均气温和月降水量数据，数据格式为文本格式。

4）土壤含水量验证数据。本数据来源于中国气象数据网（http://data.cma.cn），数据集名称为中国农作物生长发育和农田土壤湿度旬值数据集，该数据集包含了 1991 年 9 月 ~ 2012 年 10 月中国农气站观测的农作物生长发育状况包括，具体内容包括旬作物名称、发育期名称、发育期日期、发育程度、发育期距平、植株高度、生长状况、植株密度、到本旬末积温、积温距平、干土层厚度、10cm 土壤相对湿度、20cm 土壤相对湿度、50cm 土壤相对湿度、70cm 土壤相对湿度及 100cm 土壤相对湿度。

5）土地利用/土地覆被数据。数据来源于国家科技基础条件平台中心-地球系统科学数据共享平台，数据集名称为中国北方及其毗邻地区 500m 分辨率土地覆盖数据集，时间序列为 1992 年、2001 年、2005 年及 2009 年。为了研究需要，本书对原始分类系统进行了必要的合并，分类系统及合并类型如表 8-2 所示。

表 8-2　土地利用/土地覆被数据分类系统

一级类	代码	二级类	描述	合并项
森林	1	落叶针叶林	主要由年内季节落叶的针叶树覆盖的土地	针叶林
	2	常绿针叶林	主要由常年保持常绿的针叶树覆盖的土地	
	4	针阔混交林	由阔叶树和针叶树覆盖的土地，且每种树的覆盖度在25% ~ 75%	混交林
	3	落叶阔叶林	主要由年内季节落叶的阔叶树覆盖的土地	阔叶林
	5	常绿阔叶林	主要由常年保持常绿的阔叶树覆盖的土地	
	6	灌丛	木本植被，高度在 0.3 ~ 5m	灌丛
草地	7	高覆盖草地	草本植被，覆盖度>65%	草地
	8	中覆盖草地	草本植被，覆盖度在 40% ~ 65%	
	9	低覆盖草地	草本植被，覆盖度在 15% ~ 40%	
农田	10	农田	主要由无需灌溉或季节性灌溉的农作物覆盖的土地或需要周期性灌溉的农作物（主要指水稻）覆盖的土地	农田
湿地	11	湿地	由周期性被水淹没的草本或木本覆盖的潮湿平缓地带	湿地
其他	12	冰雪	主要由冰雪覆盖的土地	水域
	15	水体	主要包括河流、湖泊、水库等	
	13	裸地	主要指地表几乎没有植被覆盖或植被较稀疏的土地	裸地
	14	建设用地	主要包括城镇、工矿、交通和其他建设用地	建设用地

8.1.2.3　数据处理

（1）MODIS 数据的处理

利用美国地质调查局（USGS）地球资源观测系统科学研究中心（EROS）开发的 MRT（MODIS Reprojection Tool）对 MOD11A2 和 MOD13A2 进行几何校正和镶嵌处理，然后利用蒙古高原矢量边界对数据进行裁切，合成了蒙古高原每 8 天的地表温度数据、每 16 天的 NDVI 数据及 EVI 数据。用平均值合成法求得生长季（4～10 月，本章下同）每月的地表温度，然后对生长季 7 个月的陆面温度取平均，分别获得 2000～2012 年各月及各生长季平均地表温度。用最大值合成法求得生长季（4～10 月）每月的 NDVI 和 EVI，仍然用最大值合成法求得每年生长季最大 NDVI 和 EVI，分别获得 2000～2012 年各月最大 NDVI、EVI 及生长季最大 NDVI、EVI 数据。

（2）AVHRR-PathFinder 数据的处理

利用蒙古高原边界矢量图对 AVHRR-PathFinder 数据进行统一裁切。其植被指数 NDVI 的制备过程为：采用经过辐射校正和几何粗校正的 NOAA-AVHRR 数据源，再进一步对每轨图像进行几何精校正、除坏线、除云等处理，进而进行 NDVI 计算及合成。

NDVI 由经过大气校正的可见光（0.58～0.68μm）和近红外波段（0.725～1.1μm）反射率获得，并以最大值合成法按旬合成，有效除去云的影响（Holben，1986）。在合成过程中排除观测天顶角大于 42° 的像元数据，这样的合成过程能有效减小由于二向性反射产生的角度效应，况且观测角对于经大气校正的 NDVI 的影响是相对很小的。NDVI 计算公式为

$$NDVI = 1000 \times (b2-b1)/(b2+b1) \tag{8-2}$$

式中，$b1$、$b2$ 为 AVHRR 的第 1、第 2 通道。

地表温度的合成利用相应时间经过辐射校正的第 4、第 5 通道亮温。利用第 4、第 5 通道地表比辐射率与 NDVI 关系计算地表比辐射率，在此基础上利用分裂窗算法计算陆地表面温度，分裂窗算法在一定程度上减小了太阳高度角和大气中水汽对热红外信息的影响。

（3）气象数据的处理

首先将气象站点数据空间化，然后利用克里金法进行空间插值，为了与植被指数及地表温度数据的空间分辨率相一致，在进行插值时将 1981～1999 年的气象数据插值成 8km 分辨率数据，2000～2010 年气象数据插值成 1km 分辨率数据，最终分别得到 1981～1999 年 8km 分辨率月平均气温和月降水数据以及 2000～2010 年 1km 分辨率月平均气温和月降水数据。对每年生长季气温数据求平均得到 1981～2010 年生长季平均气温数据，对每年生长季降水数据求和得到 1981～2010 年生长季总降水量数据。

8.1.2.4 研究方法

（1）数据一致性评价

AVHRR 和 MODIS 数据集在地表生态环境及植被大尺度遥感监测中具有明显的优势（Yu et al.，2010）。但由于两类数据集传感器参数、空间分辨率等不同，需要对两个数据集的一致性进行评估（Frey et al.，2012）。根据两种数据集重叠周期内（2000～2001年）的数据，利用线性回归模型建立了两类数据集年最大 NDVI/T_s、年最小 NDVI/T_s 值直接的关系。得到如下结果：

$$NDVI_A = 0.912 \times NDVI_M + 0.020 \tag{8-3}$$
$$T_{sA} = 0.979 \times T_{sM} + 1.766 \tag{8-4}$$

式中，$NDVI_A$ 和 $NDVI_M$ 分别代表 AVHRR NDVI 和 MODIS NDVI；T_{sA} 和 T_{sM} 分别代表 AVHRR T_s 和 MODIS T_s。

结果表明，两类数据集显示良好的线性关系，两个数据集的 NDVI 和 T_s 值的 r^2 分别为 0.960（$p<0.01$）和 0.963（$p<0.01$）（Cao et al.，2017，2020）。考虑到两种数据集有良好的相关性，因此我们对 AVHRR 数据集进行修正，使其与 MODIS 数据集具有更好的一致性。

（2）T_s-NDVI 通用特征空间

地表温度（T_s）与归一化植被指数（NDVI）存在显著的负相关关系（Carlson，2007；Goetz，1997），T_s 与 NDVI 相结合能够提供关于植被和土壤湿度状况的重要指示信息（Goetz，1997）。研究表明，如果研究区地表总体覆盖类型变化不大，则可以利用多年同期卫星观测数据，合成同期各合成年份都适用的 T_s-NDVI 特征空间边界，以改善传统的仅基于当前单一卫星观测数据的特征空间，提高干、湿边的稳定性，使基于卫星观测的特征空间边界最大限度上接近其理论边界，并将这种基于长时间、大范围卫星观测资料改进的特征空间暂称为"通用特征空间"（于敏等，2011）。

具体合成步骤为：

1）针对某观测时段，单独提取每年的基于该单一时段卫星观测数据的 T_s-NDVI 特征空间：从裸土到密闭冠层，以较小的植被指数间隔，用最大值合成法提取每个植被指数对应的最大地表温度，形成该年单一时段特征空间的干边地表温度；用最小值合成法提取每个植被指数对应的最小地表温度，形成该年单一时段特征空间的湿边地表温度。

2）合成各年通用的 T_s-NDVI 特征空间：以相同的植被指数间隔，在已提取的各年单一时段特征空间的干边地表温度中，再用最大值合成法提取各植被指数对应的多年最大地表温度，作为通用特征空间的干边地表温度；用最小值合成法提取各植被指数对应的多年最小地表温度，作为通用特征空间的湿边地表温度。

3）以上述植被指数间隔和合成后的通用特征空间干、湿边地表温度，通过线性拟合得到通用特征空间的干、湿边界：

$$T_{\text{wet}_i} = a_1 + b_1 \times I_{\text{NDV}_i} \tag{8-5}$$

$$T_{\text{dry}_i} = a_2 + b_2 \times I_{\text{NDV}_i} \tag{8-6}$$

式中，I_{NDV_i} 为某像素点的植被指数；T_{dry_i}、T_{wet_i} 分别为合成后的通用特征空间中 I_{NDV_i} 对应的干、湿边地表温度；a_1、b_1、a_2、b_2 分别为通用特征空间湿边和干边的截距和斜率，通过线性拟合获得。合成通用特征空间的流程如图 8-3 所示。通用特征空间方法是基于长时间、大范围卫星观测资料，对多年单一时段特征空间边界的再合成，但并不重新合成卫星观测图像中每个像素点的数据，尽量回避了特征空间内部各像素点地表类型变化带来的影响。

（3）温度植被干旱指数（TVDI）的构建

基于合成得到的通用特征空间干、湿边方程，计算温度植被干旱指数 TVDI：

$$\text{TVDI} = \frac{T_s - (a_1 + b_1 \times I_{\text{NDV}})}{(a_2 + b_2 \times I_{\text{NDV}_i}) - (a_1 + b_1 \times I_{\text{NDV}})} \tag{8-7}$$

式中，a_1、b_1、a_2、b_2 分别是干边和湿边拟合方程的系数。

8.1.2.5 结果分析

基于 1981～2018 年 MODIS 植被指数和地表温度数据，通过构建 T_s-NDVI 特征空间，获取蒙古高原 TVDI 的时空分布特征，对蒙古高原的干旱时空演变进行了研究。主要结果如下。

（1）蒙古高原干旱的年变化特征

统计 1981～2018 年 TVDI 的空间分布（图 8-4），结果发现，TVDI 在空间上呈梯度分布，南部和东部较高，北部和西部较低。温度和湿度梯度的差异主导了高原土地覆盖和土地利用的分布，从而影响了土壤湿度和干旱的梯度分布。高原的中部、南部和东部地区表现出极度干燥和干燥的水平。在戈壁沙漠所在的南部高原，有一大片极其干燥的地区。极端潮湿和潮湿的水位主要分布在北部高原。蒙古高原西北和东北地区基本没有干旱情况。

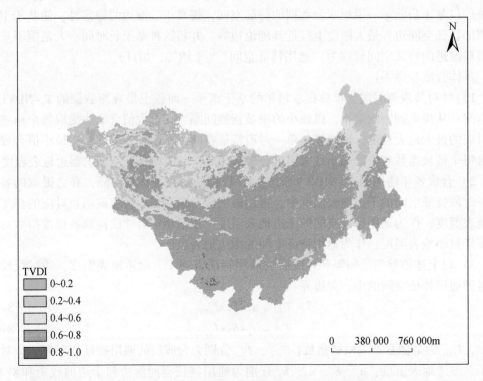

图 8-4　1982～2018 年蒙古高原研究区 TVDI 的空间分布

蒙古高原干旱面积平均约占 55.28%，说明该区干旱普遍，局部地区严重。总体而言，1982～2018 年，干旱和极干旱面积约为 35.27 万 km²，且逐年增加，平均增长率约为 22.90%。极干旱面积增长更为显著，增长率约为 35.27%。1982～2018 年，蒙古高原由于气候干燥、生态系统脆弱、植被低，干旱和干旱化现象严重。尤其 2000 年以后，旱情更加严重，旱情加剧（图 8-5）。

根据 TVDI 多年月平均值，蒙古高原大部分地区每月都发生干旱。5～8 月，干旱区域广泛，严重干旱。4 月、9 月和 10 月，干旱面积有所减少，但极端干旱面积大于其他月份。生长季初（4 月）和生长季末（9～10 月），植被需水量与耗水量较低，地表蒸散量也较小，但降水量较低，部分地区会出现极端干旱（图 8-6）。

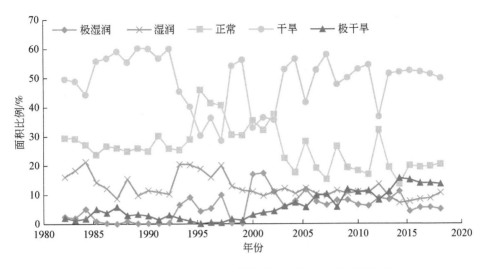

图 8-5　1982~2018 年蒙古高原不同年份 TVDI 的面积比例

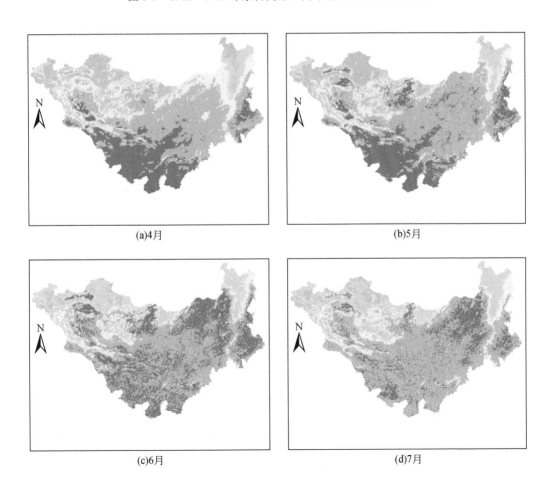

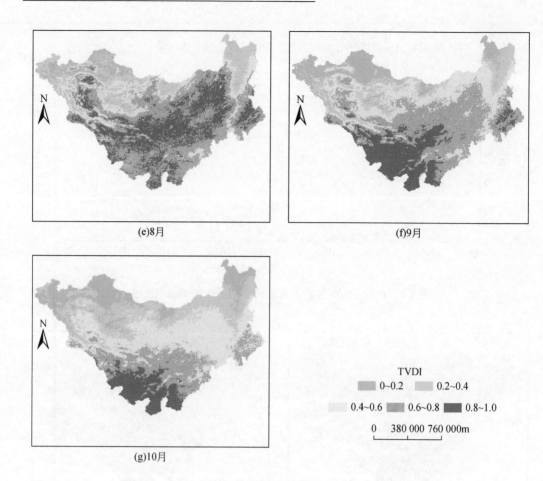

(e)8月
(f)9月
(g)10月

TVDI
■ 0~0.2 □ 0.2~0.4
□ 0.4~0.6 ■ 0.6~0.8 ■ 0.8~1.0
0 380 000 760 000m

图8-6 1982~2018年蒙古高原逐月（4~10月）TVDI的分布

（2）蒙古高原干旱的月变化特征

4月，蒙古高原约60.22%的地区遭受干旱。5月和6月，干旱面积分别增加到67.39%和71.67%。干旱在6月和7月最为严重。8月，受旱面积开始减少，9月和10月进一步减少（图8-7）。我们的模型结果还表明，尽管旱情在整个生长季都很普遍，但在生长季的早期比在它消失时更严重。我们认为出现这一趋势的原因是植被生长季初期和生长季高峰期降水偏少，阻碍了植被的萌发与生长。从TVDI的时空变化来看，蒙古高原受干旱主导。蒙古高原干旱主要受温带大陆性气候、降水稀少、草地为主、草地稀疏等因素控制。此外，自20世纪50年代以来，蒙古高原的气温一直在以高于世界平均速度的速度上升，这是干旱的另一个关键原因。

（3）蒙古高原干旱发生频率特征

干旱频率分布与TVDI分布相似。温度梯度和湿度梯度在干旱程度和发生频率的空间分布中起主导作用。从图8-8可以看出，干旱频率小于40次的主要分布在蒙古高原北部和蒙古高原西部的森林及灌丛。干旱发生频率在160次以上的地区主要集中在蒙古高原中部、南部和东部，草原和裸地覆盖广泛。1982~2018年的259个月，植被生长季遭受200多次干旱影响的面积约为72.29万km²（26.11%），受160~200

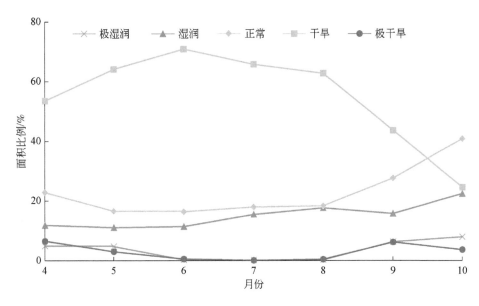

图 8-7　1982 ~ 2018 年蒙古高原各月不同 TVDI 分类的面积比例

次干旱影响的面积约为 77. 77 万 km² （25. 32%）。旱灾不足 40 次的面积仅为 56. 46 万 km² （18. 99%）。

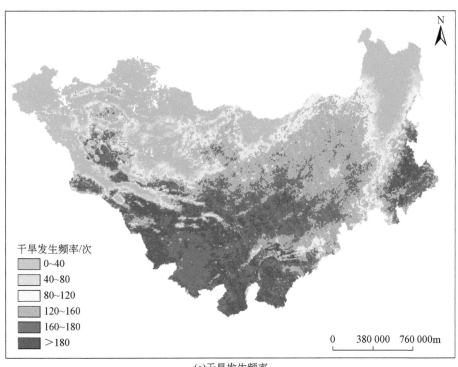

(a)干旱发生频率

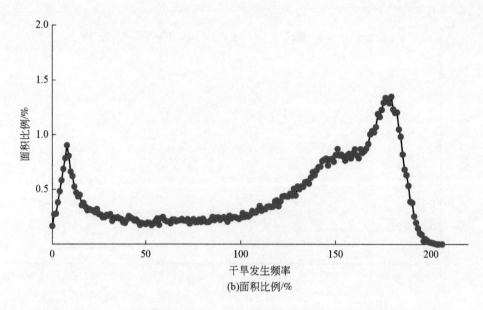

干旱发生频率

(b)面积比例/%

图 8-8　1982～2018 年蒙古高原生长季总干旱发生频率和不同发生频率的面积比例

干旱发生频率随经纬度梯度的变化而变化，且与降水梯度和土地覆盖类型关系密切。干旱的发生和发生频率与土地覆盖类型有关。森林、灌丛和其他地表覆盖类型（如雪、水、湿地）均属于多年生湿润型，干旱频率较低。农田表现为春、夏干旱类型；草地 4～6 月平均发生 20 次以上干旱。建设用地可分为春、夏干旱类型，草地可分为春、夏、秋干旱类型。裸地为多年生干旱型（图 8-9）。

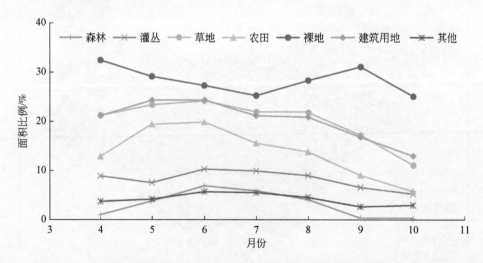

图 8-9　1981～2018 年不同土地利用类型各月干旱频率变化

春季高原中部、南部和东部干旱频率较高；5～8 月，旱情不重、不频繁；9 月和 10 月，蒙古国北部和中国内蒙古北部干旱次数有所减少，而南部高原仍然干旱频繁。春季和夏季干旱主要发生在大兴安岭东部和西部地区。内蒙古东部地区是农田和草原地区，干旱频繁而广泛。蒙古高原南部沙漠和荒漠草原分布广泛，常年干旱最为频繁。春夏季干旱类型主要集中在高原中北部地区，5～8月干旱频繁发生。蒙古国的北部和西北部以及图瓦共和国属于多年生的潮湿地带类型，分布有大面积的森林，很少发生干旱（图8-10）。

　　干旱具有一定的随机性和周期性特征。干旱频率是反映干旱随机性和周期性的指标。在整个蒙古高原，干旱频率因土地利用/覆盖类型而异。除裸地外，其他土地利用类型（特别是草地和农田）的干旱主要发生在4～9月。秋季发生旱灾35次以上的地区范围广阔。干旱主要发生在裸地和草地，约占总面积的79.47%，为植被少、降水少的

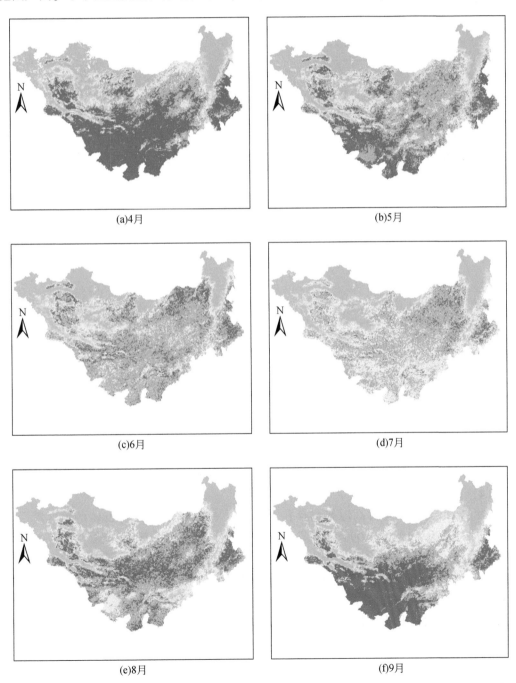

(a)4月　　　　　(b)5月

(c)6月　　　　　(d)7月

(e)8月　　　　　(f)9月

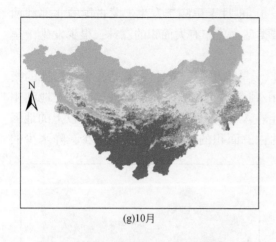
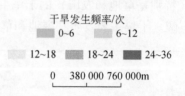

干旱发生频率/次
0~6   6~12
12~18   18~24   24~36

0   380 000 760 000m

(g)10月

图8-10   1982~2018年蒙古高原4~10月干旱发生频率的空间分布特征

地形（图8-11）。我们估计低降水和低植被将导致更加频繁和极端的干旱。降水模式的变化控制着植被的分布。因此，降水在干旱周期的形成中起着至关重要的作用，降水主要集中在夏季。

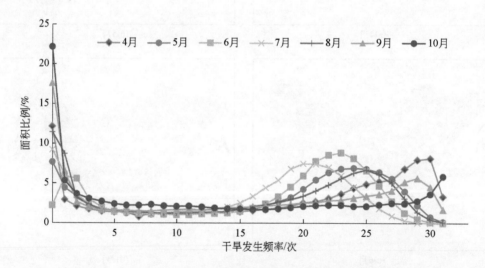

图8-11   1982~2018年4~10月蒙古高原干旱发生频率的面积比例

（4）小结

1982~2018年，蒙古高原普遍存在干旱和干旱化现象，约55.28%的地区遭受干旱。分时段来看，1982~1999年，蒙古高原干旱面积约占总面积的52.31%，2000~2018年为58.10%，说明21世纪以来，旱情更加明显。气候变暖速度加快，人类活动加剧，水资源减少，导致未来干旱和干旱化更加严重。月TVDI呈现出与年TVDI相似的纬向梯度差异。蒙古高原的干旱发生在整个植被生长季。4~8月，旱情严重，高原地区60%以上发生干旱。干旱在6月和7月最为严重。8月，受旱面积开始减少，9月和10月进一步减少。干旱在植被生长季节的早期（4~10月）比在其衰亡时期（9月和10月）更为严重。

干旱频率分布与 TVDI 分布相似。温度梯度和湿度梯度在干旱程度及发生频率的空间分布中起主导作用。蒙古高原干旱频繁且严重。干旱发生频率在 160 次以上的地区主要集中在高原中部、南部和东部，草原与裸地覆盖广泛。在这 259 个月中，有 51.43%的地区遭受干旱。蒙古高原干旱的程度与频率主要受降水梯度和温度梯度的支配，并与土地覆盖类型及地形密切相关。

降水梯度控制着蒙古高原植被的分布，但温度升高导致地表蒸散量增加，进一步加剧了干旱的发生。由于雨季的开始、降水的数量和分布具有一定的不确定性，干旱具有随机性和周期性。我们的结论是，必须对区域干旱事件进行准确监测，而其发生机制需要进一步探索，并考虑自然、气候、社会和其他影响因素。

8.2　中蒙俄国际经济走廊土地荒漠化风险

8.2.1　数据获取

本小节获取的数据集是 GIMMSNDVI3g 数据集，空间范围覆盖"五带六区"，时间范围为 1981~2015 年，空间分辨率为 1/12°（约 8km），时间分辨率为 15 天。

8.2.2　研究方法

（1）基于像元二分模型反演植被覆盖度

模型运行中一个栅格信息是由裸土与植被按面积的加权平均所组成的。同样通过卫星传感器所测到的每个像元的信息 ϕ，就可以表达为由植被区所贡献的信息和由裸土区域所贡献的信息的加权和（即基于一种线性拟合的假设）。因此图像中每个像元的 NDVI 值可以看成有植被覆盖部分的 NDVI 与无植被覆盖的 NDVI 的加权平均，其中由植被覆盖部分的 NDVI 的权重即为此像元的植被覆盖度 Fc_v，而无植被覆盖部分的 NDVI 的权重即为 $1-Fc$。

$$\phi = \phi_v \times Fc_v + (1-Fc_v) \times \phi_s \tag{8-8}$$

式中，下标 v 和 s 分别表示完全有植被覆盖区和裸土区的值。在估算大尺度的植被覆盖度时，由于地面数据的缺乏，用基于线性关系的方法比其他较为复杂的方法更合适。因此，将该式直接应用到 NDVI 中，即可以得到植被覆盖度的最简单表达式为

$$Fc_v = \frac{NDVI - NDVI_s}{NDVI_v - NDVI_s} \tag{8-9}$$

式中，$NDVI_v$ 是每类土地覆盖类型植被覆盖度为 100% 时相对应的像元 NDVI 值；$NDVI_s$ 是每类土地覆盖类型的 NDVI 最小值。

（2）基于荒漠化指数监测荒漠化分级

荒漠化指数（DI）是表征荒漠化程度的量化指标。荒漠化程度越高，荒漠化指数越大，植被覆盖度越低。荒漠化指数的计算方法如下：

$$DI = 1 - Fc_v \tag{8-10}$$

参考国内外荒漠化分布图编图的类型分级指标方案及其他荒漠化分级方面相关文献，本研究将荒漠化程度分为 5 个级别：极重度荒漠化、重度荒漠化、中度荒漠化、轻

度荒漠化和未荒漠化。根据"五带六区"的植被分布情况，采用相对指标法，将5级荒漠化程度的范围进行确定，如表8-3所示。

表8-3 "五带六区"荒漠化分级标准

荒漠化程度	荒漠化指数范围	景观综合特征描述
极重度荒漠化	>0.95	植被覆盖度小于5%，植物生物量极低，地表有明显的流动沙丘覆盖，覆盖度>90%
重度荒漠化	0.9~0.95	植被覆盖度在5%~10%，植物生物量低，沙地成为半流动状态，流沙面积超过50%
中度荒漠化	0.7~0.9	植被覆盖在10%~30%，植物生物量较低，流沙面积为25%~50%
轻度荒漠化	0.5~0.7	植被覆盖在30%~50%，植物生物量中等水平，流沙斑点状分布，流沙面积为5%~25%
非荒漠化	<0.5	植被覆盖度在大于50%，植物生物量高

8.2.3 结果分析

图8-12为中蒙俄国际经济走廊荒漠化程度时空分布情况。结果表明，1981~2015年，研究区内平均有122.89万 km² 的土地发生荒漠化，约占全区总面积的18.8%，荒漠化现象主要发生在蒙古国南部及内蒙古中部地区，而在中国东北地区及俄罗斯的区域内，基本没有荒漠化现象存在。从时间变化来看，1981~2015年，荒漠化土地面积和

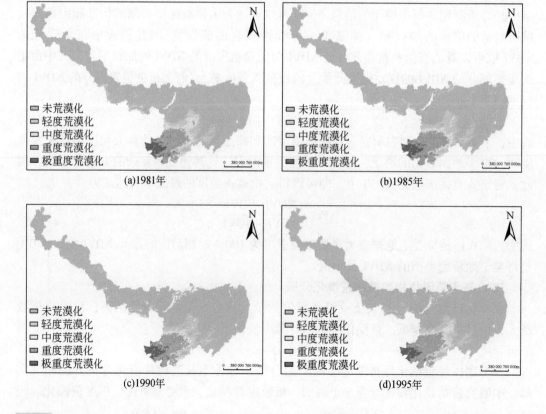

(a)1981年　　　　　　　　　　　　　(b)1985年
(c)1990年　　　　　　　　　　　　　(d)1995年

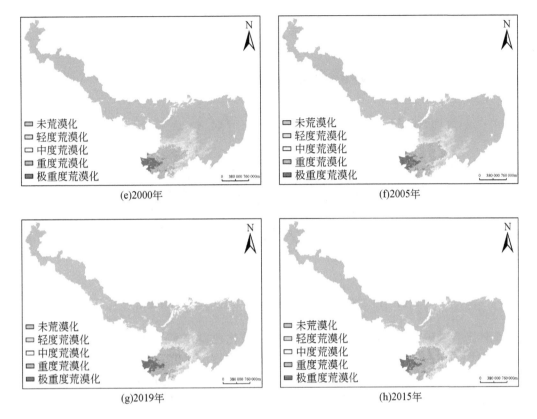

图 8-12　考察区 1981～2015 年荒漠化程度分布情况

荒漠化指数均呈现下降趋势。荒漠化指数从 1981 年的 0.285 下降到 2015 年的 0.244，下降幅度为 14.4%。荒漠化土地面积从 1981 年的 134.68 万 km² 减少到了 2015 年的 117.0 万 km²，降幅达 0.5 万 km²/a，说明该区在 1981～2015 年土地荒漠化现象得到一定遏制。

从荒漠化指数的时间变化来看（图 8-13），1981～2015 年荒漠化指数呈现波动下降趋势。在 1985 年之前，荒漠化指数处于较高的水平，均大于 0.26。1981～1990 年，荒漠化指数持续下降，并在 1988 年、1990 年最低，分别为 0.251 和 0.246。1990～2000 年，以 1992 年的荒漠化指数最高，为 0.263，荒漠化面积最大。进入 2000 年后，尤其在 2000～2010 年，荒漠化指数变化不大，以 2003 年和 2009 年的荒漠化指数最大，2008 年荒漠化指数最小。研究时段内，该区土地荒漠化面积也呈现波动下降趋势，在 20 世纪 80 年代，该区土地荒漠化面积最大，平均面积约为 128.1 万 km²，以 1981 年和 1982 年土地荒漠化面积最大。在 20 世纪 90 年代，土地荒漠化平均面积下降到 120.9 万 km²，以 1992 年和 1997 年土地荒漠化面积为最大，分别为 128.4 万 km² 和 126.2 万 km²。2000～2009 年，土地荒漠化面积呈现小幅增加趋势，平均面积为 125.0 万 km²，其中以 2007 年和 2006 年土地荒漠化面积最大，分别为 136.2 万 km² 和 128.9 万 km²。2010 年之后，土地荒漠化面积呈现明显下降趋势，平均面积为 113.1 万 km²，其中以 2010 年土地荒漠化面积最大，为 125.9 万 km²。总体来看，1981～2015 年，该区土地荒漠化面积总体呈现下降趋势，土地荒漠化面积最大的年份有 1981 年、1982 年、2007 年，面积最小的年份有 2011 年、2013 年、2014 年。

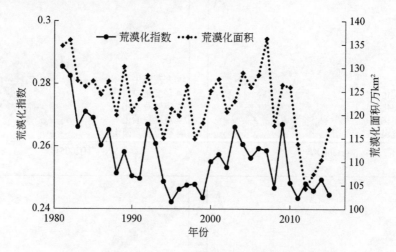

图 8-13　1981～2015 年荒漠化面积与荒漠化指数变化

　　整体来看，中蒙俄国际经济走廊区域的荒漠化现象并不严重，1981～2015 年，非荒漠化面积平均占全区总面积的 81.2%，轻度、中度、重度、极重度面积占全区总面积的比例分别为 6.63%、2.90%、7.50%、1.77%。在荒漠化土地中，以重度荒漠化和轻度荒漠化面积最大，两者面积之和约占荒漠化土地总面积的 75.2%。不同荒漠化土地类型面积都呈现不同程度的减少趋势，其中，轻度荒漠化土地减少速率约为 0.16 万 km^2/a，重度荒漠化土地减少速率为 0.30/a 万 km^2，极重度荒漠化土地减少速率为 0.07/a 万 km^2，重度荒漠化土地面积基本保持不变。综上，1981～2015 年，中蒙俄国际经济走廊区域的荒漠化现象出现了明显的遏制趋势，极重度荒漠化土地面积基本保持不变（图 8-14）。

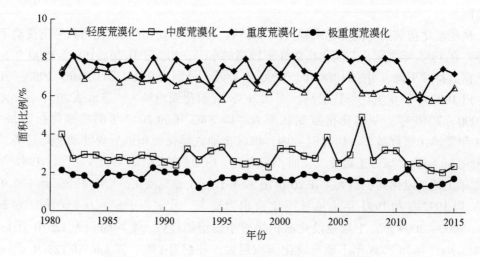

图 8-14　1981～2015 年不同荒漠化程度面积比例变化

8.3　中蒙俄国际经济走廊沙尘暴灾害

8.3.1　沙尘与沙尘暴现象

沙尘是空气中扬起的细沙粒和尘土。沙尘天气是地球上干旱半干旱区经常发生的一种天气现象，是大气运动与自然环境综合作用的结果。在自然因素和人为干扰的综合影响下，很多干旱半干旱地区的土地荒漠化问题日益严重。当强风来临时，地表的土壤、沙尘等颗粒被卷入大气中，导致空气短时间内迅速混浊、能见度下降，在天气系统作用下，沙尘向下风向地区传播扩散。有时候沙尘暴甚至可能会影响到全球广大区域。

根据气象学分类，沙尘天气划分为三个等级：浮尘、扬沙和沙尘暴。浮尘是指无风或风力较小情况下尘土、细沙均匀地浮游于空气中，使水平能见度小于 10km 的天气现象，浮尘中的尘土和细沙多为远距离的沙尘经上层气流传播而来，或沙尘暴、扬沙时尚未下沉的沙尘。扬沙是指由于较大的风力吹起地面尘沙而使空气混浊，水平能见度介于 1~10km 的天气现象。沙尘暴是指强风把地面大量沙尘卷入空中，使空气特别混浊，水平能见度低于 1km 的天气现象。

在沙尘暴形成过程中，大风、不稳定大气层结和丰富的沙尘源是其发生的主要条件。大风和不稳定大气层结是由大气运动状态决定的，是沙尘暴形成的驱动因子，决定了沙尘暴的强度、移动路径和持续时间，而沙尘源则为沙尘暴形成提供了丰富的沙粒和尘埃，主要决定了沙尘暴源地空间分布。

8.3.2　沙尘源区与沉降区

沙尘暴作为一种高强度风沙灾害现象，主要发生在全球干旱半干旱地区。中亚、北美、北非和澳大利亚是世界四大沙尘暴多发频发区域，它们大部分分布在赤道两侧（25°S~25°N）副热带低纬度干旱气候区，即哈得来环流圈中下沉气流所控制的干旱气候区。从全球角度看，非洲、亚洲、大洋洲和北美洲的沙漠地区均是沙尘气溶胶的重要源区。

对中蒙俄国际经济走廊地区来说，中国西北的新疆、内蒙古、宁夏、青海等省（自治区）及蒙古国中南部由于气候干旱，地表植被稀少，多为沙漠和戈壁，是亚洲沙尘暴的主要发源地。特别是蒙古国中南部和中国北方沙漠区是亚洲沙尘暴发生的主要源区。据 Zhang 等（2003）基于数值模拟并结合观测资料对亚洲沙尘排放的研究，在春季从东亚到北美西部的中纬度对流层中，绝大部分沙尘气溶胶来自亚洲，而蒙古国及中国北方的沙漠区（在中国主要为塔克拉玛干沙漠、巴丹吉林沙漠等）则是亚洲沙尘气溶胶的主要来源，亚洲沙尘气溶胶约 70% 来自这些地区。

亚洲沙尘在强大冬季风和西风带的输送下，不仅降落在我国黄土高原和东部地区、朝鲜半岛、日本和北太平洋地区，甚至被西风带到北美、格陵兰和极地地区。亚洲沙尘大约有半数（51%）沉降在沙尘源区，其余部分则被气旋冷锋等天气系统扬升至自由大气（3~10km），并主要沿 40°N 附近的带状区域向下游输送，其中 21% 在亚洲内陆沉降，9% 在太平洋沿岸沉降，约 16% 在太平洋沉降，另有 3% 跨越太平洋到达北美大陆沉降（Zhang et al.，2003）。

中国北方和蒙古高原位于欧亚大陆腹地，有大片的戈壁和沙漠，沙尘物质极其丰富，亚洲沙尘暴天气多发生于这些地区及其周边地区。Zhang 和 Gao（2007）研究了1960～2002 年春季平均沙尘气溶胶释放通量（kg/km²）空间分布，发现来自内蒙古源区、以塔克拉玛干沙漠为中心的中国西部高粉尘沙漠区和以巴丹吉林沙漠为主体，包括腾格里及乌兰布和沙漠的中国北部高粉尘沙漠区的粉尘释放量约占亚洲粉尘释放总量的70%，表明这三个源区可视为亚洲沙尘暴的主要源地。来自哈萨克斯坦的沙漠和沙地、柴达木盆地的沙漠和库姆塔格沙漠、毛乌素沙漠和库布齐沙漠、浑善达克沙地和科尔沁沙地的粉尘释放，各自贡献了总释放量的 4%～7%，它们是亚洲沙尘暴发生的次要源地。还有少量的粉尘气溶胶释放以及伴随的沙尘暴来自古尔班通古特沙漠和青藏高原南部源区，分别约占释放总量的 0.5% 和 2%。

8.3.3 亚洲沙尘输送路径

沙尘天气的发生，不仅影响沙尘源区的环境，对当地生产生活造成危害性影响，还可以通过气溶胶粒子的长距离传输对下游地区造成危害。中国北方和蒙古国扬起的气溶胶可到达中国南部的香港海域和台湾地区（Kim and Park，2001）。早在 20 世纪 80 年代初，Duce 等（1980）就认为来源于亚洲的春季粉尘主要被 500hPa 的西风急流所挟带沉积在北太平洋地区。研究也显示，除倒灌入南疆盆地的偏东风沙尘暴易在南疆盆地滞留外，随高空西风或西北气流，中蒙地区的沙尘暴沙尘 2 天后向东传到我国华北或东南沿海地区。若标准等压面 700hPa 东亚沿海低槽持续发展，则将利于沙尘向东南沿海输送（高卫东，2008；庄国顺等，2001）。中国西北产生的沙尘可到达韩国并经过 2～3 天飘移至日本，5μm 以下的粒子经过 10 天左右可到达美国的加利福尼亚州（Lin，2001）。在沙尘天气里，500hPa 高空由于存在很强的水平气流，特别是高空强西北气流，当沙尘粒子进入高层气层后，可快速输运到下游地区。Merrill 等（1989）在研究西北太平洋上空的粉尘气溶胶后发现，高空西风是亚洲粉尘输向太平洋等区域的主要营力，且太平洋上空粉尘大气载荷的峰值与中国沙尘暴发生的频次相关（Prospero and Uematsu Savoie，1989）。

亚洲沙尘的远距离传输主要有 3 条路径，即西北路径、西方路径和北方路径（Zhang et al.，1997；Fang et al.，1999；Xuan et al.，2000）。发生次数最多的是西北路径（76.9%）。冷空气从新疆北部入侵我国，途经新疆的克拉玛依—吐鲁番、哈密—内蒙古额济纳旗、河西走廊—民勤—榆林，其影响的范围主要是准噶尔盆地、河西走廊、宁夏平原、陕北的黄土高原。这条路径沙尘移速快，影响面积广（如 1984 年 4 月 24日、2002 年 3 月 20 日、2021 年 3 月 15～16 日），且灾害严重。沙尘粒子可随高空气流飘到沿海城市，如青岛，并沉降到大洋中，甚至可远距离越过太平洋（Lin，2001）。

其次是西方路径（15.4%），冷空气从新疆南部经青藏高原北部入侵我国，沙尘粒子从新疆和田出发，经塔里木盆地到柴达木盆地的格尔木，其影响范围主要在新疆南疆和青海东北部。发生次数最少的是北方路径（7.7%），冷空气从蒙古国中部进入我国，然后在内蒙古沙尘源区加强。沙尘粒子主要来源于内蒙古的鄂尔多斯，经陕北榆林到黄土高原，影响范围主要是内蒙古中部、河套平原和黄土高原。

从卫星云图上观测到,沙尘气溶胶大部分集中在对流层中下部。在沙尘发生源地 0～30km 垂直空间内,气溶胶浓度有几个高值区:近地面、5km 和 21km。经过长距离输运后,沙尘气溶胶大都集中于 500～1500m 的空间范围(2000 年 4 月 28 日)。在空中不同的位置,沙尘气溶胶粒度分布也明显不同,最下层(0.3m 以下)以中粗沙粒(>0.5mm)为主,中层(0.3～10m)以细沙粒(0.05～0.5mm)为主,上层(10m 以上)以粒尘(0.05mm)为主。不同粒径的气溶胶粒子在空中的高度不同,传播距离也不一样,粒径越小的微粒在空中传播的距离越远。由于我国沙源在西北地区,其上空盛行西风或西北风,所以我国沙尘区水平气溶胶颗粒浓度和大小是自西向东逐渐递减的。飘移较远的粒子直径一般在 0.4～0.8μm,分布范围最广的粒径为 0.4μm。据航空观测,其中微细沙尘可被吹扬得很高,波及高度达 7500m。悬浮于空气中的沙尘,可搬运几百甚至几千千米,甚至 1 万 km 以上,沿途沉降,形成黄土堆积,或到达海上成为深海沉积的一部分。

8.3.4　典型特大沙尘暴分析

2021 年 3 月 14～17 日发生了最近 10 年来最大的沙尘暴天气现象,对蒙古国和我国北方地区产生了非常大的影响。为分析沙尘暴灾害天气的影响,本研究以 2021 年 3 月 14～17 日特大沙尘暴为例进行灾害影响分析,主要结果如下。

(1) 沙尘暴源区

本次沙尘暴于 2021 年 3 月 13～14 日起源于蒙古国西部地区,然后在蒙古国东南部戈壁与我国内蒙古西部和中部地区持续加强,横扫蒙古国大部分地区和我国北方。蒙古国色楞格省、库苏古尔省、扎布汗省、布尔干省、戈壁阿尔泰省、巴彦洪戈尔省、戈壁苏木贝尔省、后杭爱省、前杭爱省、中央省、肯特省、苏赫巴托尔省、中戈壁省、南戈壁省和东戈壁省等大部分省份相继出现极端恶劣天气,遭遇特大沙尘暴袭击。

(2) 沙尘暴传输路径

本次沙尘暴自蒙古国西部向东南方向传输,在传输路径上属亚洲沙尘暴传输介于西北路径和北方路径之间。

(3) 沙尘暴影响范围

本次沙尘暴是我国及蒙古国最近 10 年来最强、影响范围最广的一次沙尘暴天气过程,受影响的范围包括蒙古国大部分,中国新疆南疆盆地西部、甘肃中西部、内蒙古及山西北部、河北北部、北京等地均出现扬沙或浮尘,部分地区出现沙尘暴。此次沙尘暴天气过程影响的范围在我国主要包括新疆、内蒙古、甘肃、宁夏、陕西、山西、河北、北京、天津、黑龙江、吉林、辽宁 12 省(自治区、直辖市),影响范围甚广,沙尘天气影响面积超过 380 万 km²,影响我国西北、华北大部、东北地区中西部、黄淮、江淮北部等地,约占我国陆地面积的 40%。

(4) 起尘源区贡献量分析

根据柳本立等(2022)的估算,在 2021 年 3 月 14 日的过程中,蒙古国境内起尘量峰值(15:00)为 78 352t,此时中国境内为 14 067t;15 日 10:00 中国境内起尘量峰值为 41 727t,此时蒙古国境内已降低为 7609t。14 日 00:00～24:00 起尘过程主要发生在蒙古国,起尘量为 7.70×10^5t,中国境内为 2.62×10^5t,起尘量占比分别为 75% 和

25%；15 日 00：00~24：00，起尘过程主要在中国境内，总起尘量为 6.03×10^5 t，占 84%，而对应时间段内蒙古国仅为 1.12×10^5 t，占 16%。两日总的起尘量约为 1.75×10^6 t。总体来看，3 月 15 日影响华北地区的强沙尘暴，有 75% 的沙尘是于 3 月 14 日起源于蒙古国的。随后 16 日、17 日的沙尘，有 84% 来自 15 日中国北方和西北，但总起尘量减小了 31%。14 日、15 日，境内外沙尘源区的贡献基本相当。

（5）沙尘暴危害及其影响

本次沙尘暴事件是最近 10 年来影响中国最大的一次沙尘暴事件，对蒙古国和中国均产生了重大损失。本次特大沙尘暴导致蒙古国 10 名牧民遇难，蒙古国西部部分地区 13 日和 14 日出现大面积停电事故，导致 58 座蒙古包和 121 处房屋、栅栏被摧毁，数千头牲畜走失，蒙古国东部地区部分输电线路受到破坏并断电，蒙古国和中国北方发生大面积空气污染。

本次特大沙尘暴对我国北方的环境空气质量产生了严重的影响。根据国家环境空气质量监测网数据，沙尘过境期间，我国北方多地空气质量达到严重污染。从沙尘影响程度看，全国共计 177 个地级及以上城市受到本次强沙尘天气过程影响，导致空气质量累计超标 702 天，按全年计算，全国优良天数比例下降约 0.6%。

8.4 中蒙俄国际经济走廊野火灾害风险

8.4.1 研究区概况

（1）研究区位置

研究区位于中国、蒙古国和俄罗斯三国接壤地区（97°12′E~126°04′E，37°24′N~58°12′N），包括中国的内蒙古、蒙古国中东部以及俄罗斯远东的外贝加尔边疆区和布里亚特共和国，属蒙古高原的一部分，土地总面积约 248.67 万 km²。

（2）气候特征

中蒙俄跨境地区属于温带大陆性气候，总体位于干旱半干旱区，四季明显。风大、天气变化快是该地区气候最大的特点。冬季寒冷漫长，夏季炎热干燥，春秋季节短促，并常会出现突发性天气，降水自北向南，由东向西逐渐减少，多年平均降水量为 303.8mm，降水主要集中在夏秋季节，5~9 月的降水量占年总降水量的 85%。气温的分布基本和降水量一致（图 6-1），东部和北部湿润区的气温相对较低，西部和南部干旱区气温相对较高。多年平均气温为 1.34℃，最冷月和最热月气温相差极大。日照充足，年日照时数大于 2700h。大风天气主要出现在冬春季节，春季约占 70%。气候条件对研究区植被覆盖的影响较大，由北向南依次分布着森林、森林草原、典型草原、荒漠草原、戈壁荒漠等植被覆盖类型，生态环境多样且较脆弱。

（3）地形地貌

研究区地势较高，平均海拔为 1070m，相对平坦开阔。地貌形态主要由山地、广阔的戈壁以及大片丘陵平原构成，其中山地主要分布在研究区西北部，戈壁主要分布在东南部，大片丘陵平原主要分布在中部和东部，地势自东向西逐渐增加。

（4）土地利用类型

中蒙俄跨境地区土地覆盖类型以森林和草原为主，森林和草原面积可占研究区土地总面积的 90%。森林草原资源极其丰富，其中，中国内蒙古东北部以森林和草原为主，如大兴安岭林区、呼伦贝尔草原以及鄂尔多斯草原等，森林总覆盖度为 21.03%；内蒙古自治区全区草地总面积为 7880 万 hm²，占全区土地总面积的 66.6%。蒙古国中东部及俄罗斯外贝加尔边疆区和布里亚特共和国林草资源同样极其丰富，如外贝加尔边疆区全区总面积的 60% 被森林覆盖。

8.4.2　数据源和预处理

本研究所采用的 MODIS 过火迹地产品 MCD64A1、热异常产品 MOD14A1/MYD14A1 土地覆盖产品 MCD12Q1 和植被指数产品 MOD13A3 均为 L3 级数据产品。通过（National Aeronautics and Space Administration，NASA）官网（https：//www.nasa.gov/）对上述产品进行下载。

（1）MCD64A1 过火迹地产品及预处理

火烧迹地遥感数据（MCD64A1）是每月 3 级网格 500m 标准的 HDF 格式产品，空间分辨率为 500m，投影类型为 Sinusoidal。MCD64A1 原始数据包含五个子数据集，分别是 Burndate、BurnDateUncertainty、QA（数据质量）、FirstDay 及 LastDay。Burndata 包含过火像元及着火日期，着火日期在单个数据层编码为燃烧发生的日历年的儒略日，未燃烧的区域，数据缺失区域和水体填充特殊值（表 8-4）。本研究主要使用 Burndata 数据进行野火时空动态和风险评估研究，以及利用 QA 数据集进行高置信火点选取。该产品可用来监测野火发生的大致日期，反映最近野火的空间范围，为灾后提供评估信息。

表 8-4　MCD64A1 数据集属性值

属性值	对应具体内容
−2	数据缺失区域
−1	水体
0	未燃烧区域
1~366	燃烧发生日历年的儒略日

首先，本研究利用 MRT 软件对 MODIS 原始数据集中的 Burndata 和 QA 控制层进行批量格式转换、投影变换及拼接，其投影方式为 Albert 投影（投影参数：第一标准纬线为 25°，第二标准纬线为 47°，中央经线为 105°，椭球体为 WGS-84，重采样方法为最邻近法）。然后，利用 ArcGIS 软件，根据研究区行政区划矢量数据对影像进行裁剪，获得中蒙俄跨境地区遥感影像。借助 ArcGIS 中的 ZonalStatistics 工具，统计中蒙俄跨境地区 2001~2017 年不同时间尺度（年际/年内）、不同行政区划、不同土地利用类型的过火面积情况；利用 ArcGIS 软件对影像进行重分类，将火点赋值为 1，非火点赋值为 0，最后利用栅格计算器工具将所有重分类后的 Burndata 影像进行叠加，得到研究区野火发生频次图。

（2）MOD14A1/MYD14A1 热异常产品及预处理

MOD14A1/MYD14A1 热异常产品数据集是分别搭载于 Terra 卫星和 Aqua 卫星上的

MODIS 传感器获取的数据，该产品每 8 天合成一次，为正弦曲线投影方式的 HDF 格式产品，空间分辨率为 1000m。MOD14A1/MYD14A1 包含 FireMask、MaxFRP、QA 及 Sample 共 4 个子数据集。本研究使用包含火点信息的 FireMask 数据集，时间分辨率为 1 天，其像元值所代表的内容如表 8-5 所示。

表 8-5　MOD14A1/MYD14A1 数据集属性值

属性值	表征的意义
0、1、2	未处理像元
3	水
4	云
5	没有火的裸地
6	未知像元
7	低置信度火点
8	中置信度火点
9	高置信度火点

该产品数据预处理（格式转换、投影变换、拼接及裁剪）的方式与 MCD64A1 产品的处理方式一致。利用 ArcGIS 软件提取属性值为 7、8 和 9 的像元即低置信度火点、中置信度火点及高置信度火点，然后利用 ArcGIS 中的 ZonalStatistics 工具，结合行政区划图和土地利用数据对中蒙俄跨境地区 2001～2017 年野火火点个数在年际、年内、不同行政区域以及不同土地利用类型上的分布情况进行统计。

（3）土地利用/覆盖产品

MCD12Q1 土地利用/覆盖产品被用来进行不同土地利用类型上野火面积的统计，而且其在一定程度上可以表示人类的活动程度，因此可作为野火风险评估中人为因素的一种表达参与风险评估模型的构建。MCD12Q1 是根据一年的 Terra 卫星和 Aqua 卫星观测的数据进行处理获得的土地利用/覆盖产品，该产品的空间分辨率为 500m，时间分辨率为 1 年。本研究采用的是 MCD12Q1 数据集中的 IGBP 分类体系，该分类数据集主要包含了 17 个土地利用类型，本研究根据实际的研究目的，将其整合为四大类型，分别是森林、草地、农业用地和其他用地（表 8-6）。数据预处理（格式转换、投影变换、拼接及裁剪）的方式与 MCD64A1 产品的处理方式一致，然后利用 ArcGIS 软件对预处理后影像进行重分类操作，得到四大土地利用类型。

表 8-6　IGBP 土地利用类型及整合后类型

整合后土地利用类型	IGBP 土地利用类型
森林	1. 常绿针叶林，2. 常绿阔叶林，3. 落叶针叶林，4. 落叶阔叶林，5. 混交林，6. 稠密灌木，7. 稀疏灌木
草地	8. 木本热带稀树草原，9. 热带稀树草原，10. 草地

整合后土地利用类型	IGBP 土地利用类型
农业用地	12. 耕地，14. 耕地与自然植被镶嵌体
其他用地	0. 水体，11. 永久湿地，13. 城市用地和建筑区，15. 雪和冰，16. 荒地或稀疏植被

8.4.3　野火发生空间格局

（1）野火发生频次及其空间格局

野火发生频次为 2001～2017 年每个像元上发生野火的总次数。由图 8-15 可见，2001～2017 年，绝大部分像元仅发生 1 次野火，过火面积达 17.21 万 km²，占近 17 年总过火面积的 65.92%，发生 2 次野火的面积为 5.49 万 km²，占总过火面积的 21.23%，发生 5 次野火的像元非常少。

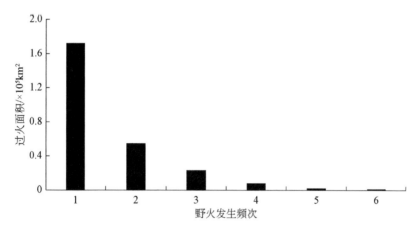

图 8-15　研究区野火发生频次

图 8-16 表明，中蒙俄跨境地区野火主要发生在蒙古国东北部的东方省、苏赫巴托尔省以及肯特省，俄罗斯的布里亚特共和国以及外贝加尔边疆区。中国内蒙古野火集中分布在大兴安岭林区附近以及中国与俄罗斯、蒙古国接壤的区域。发生频次在 2 次以上的区域主要分布在蒙古国东方省、苏赫巴托尔省以及俄罗斯外贝加尔边疆区，中国内蒙古的大部分地区野火发生频次仅为 1 次。

（2）行政区上野火发生空间格局

图 8-17 表明，俄罗斯远东地区、蒙古国中东部以及中国内蒙古 2001～2017 年总过火面积分别为 22.97 万 km²、13.52 万 km² 和 3.71 万 km²，总火点个数分别为 48.34 万个、6.02 万个和 8.19 万个。可以看出，俄罗斯野火总过火面积和总火点个数均远高于其他两个国家，其总过火面积可占整个研究区总过火面积的 57.14%，总火点个数占整个研究区总火点个数的比例高达 77.28%。蒙古国中东部的总过火面积是中国内蒙古的近 4 倍，但其总火点个数却仅为中国内蒙古的 73.5%。

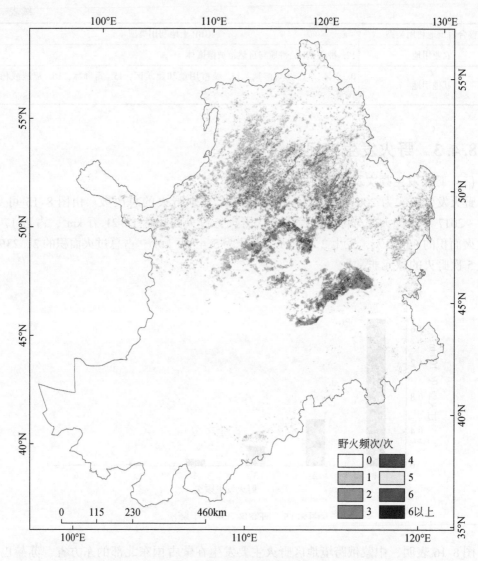

图 8-16　研究区野火频次空间分布

（3）土地覆盖野火发生空间格局

从野火发生的土地利用类型看，草原火和森林火是中蒙俄跨境地区最主要的野火发生类型（图 8-18）。2001~2017 年，草原火总过火面积最大，达到 22.21 万 km²，占该地区总过火面积的 55.25%；森林火次之，为 16.21 万 km²；农业用地野火总过火面积为 1.42 万 km²，仅占 3.53%；其他用地野火过火面积不足 1000km²，几乎可以忽略不计。火点个数在不同土地利用类型上的分布与过火面积具有较大差异，森林火的火点个数最多，为 38.82 万个，约占 4 种土地利用类型总火点个数的 61.96%；其次为草原火，其火点总个数为 19.43 万个；农业用地和其他用地上的火点个数分别为 3.05 万个和 1.35 万个。

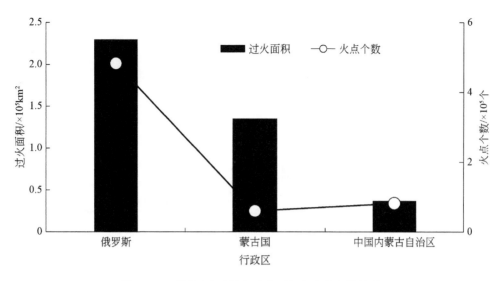

图 8-17　不同行政区划上过火面积和火点个数情况

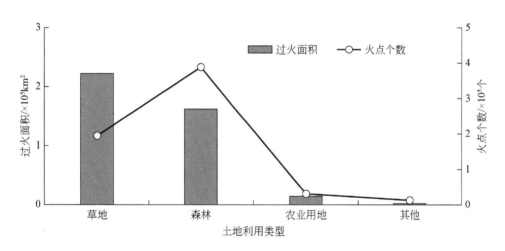

图 8-18　2001～2017 年 4 种土地利用类型上过火面积和火点个数情况

8.4.4　野火发生的时间动态

（1）野火发生的年内动态

图 8-19 表示中蒙俄跨境地区野火主要发生于年内第 68～第 320 日，其他时段几乎无野火发生，存在 3 个波峰时段：第 76～第 87 日、第 110～第 130 日、第 279～第 301 日，最大过火面积主要在第 110～第 130 日。第 124 日过火面积最大，多年平均过火面积达 0.80 万 km²，其次为第 87 日和第 80 日，多年平均过火面积分别达 0.76 万 km² 和 0.75 万 km²。

图 8-20 表示中蒙俄跨境地区野火具有明显的季节特征，野火主要发生在春季，夏秋和季次之。春季野火过火面积最大，多年平均过火面积为 1.60 万 km²，占全年总过火面积的 67.66%；夏季和秋季次之，且过火面积基本持平，分别为 0.45 万 km² 和

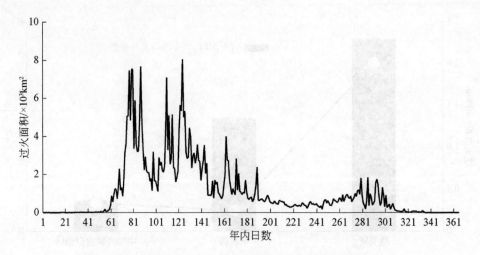

图 8-19　中蒙俄跨境地区过火面积和火点个数日际变化特征

0.29 万 km²，分别占全年总过火面积的 19.02% 和 12.26%；冬季基本无野火发生。研究区野火火点个数在季节上的变化趋势和过火面积保持高度的一致性。春季野火火点个数最多，多年平均火点个数达 2.35 万个，占全年总火点个数的一半以上，达 63.87%；夏秋季火点个数的分布与过火面积的分布略有差异，夏季火点个数为 0.95 万个，可占全年总火点个数的 25.82%，而秋季火点个数仅占 8.35%；冬季火点个数可忽略不计。

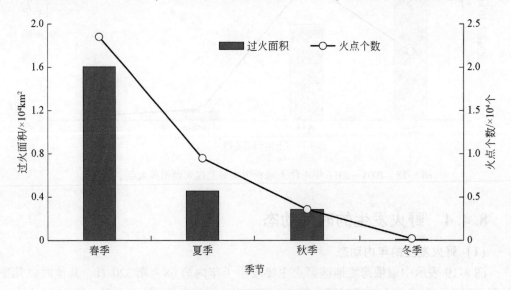

图 8-20　中蒙俄跨境地区过火面积和火点个数季节变化特征

　　在月尺度上，野火过火面积和火点个数变化规律较明显（图 8-21），从图 8-21 可以看出，其统计曲线大致呈马鞍形，3~5 月野火过火面积远高于其他月份，这三个月的总野火过火面积可占全年总过火面积的 68.16%，其中 3 月平均过火面积最大，达 0.59 万 km²，占全年总过火面积的 25.12%；5 月次之，平均过火面积为 0.55 万 km²，占全年总过火面积的 23.49%。10 月是野火过火面积的另一个波峰时段，其平均过火面积达

0. 15 万 km²。8 月是 6 ~ 10 月野火的低发期,平均过火面积为 0. 07 万 km²。每年 11 月至次年 2 月几乎无野火发生,4 个月总过火面积仅占全年总过火面积的 1. 49%。

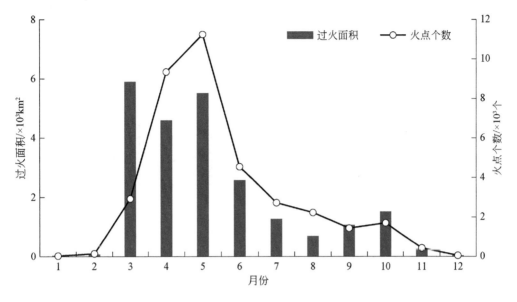

图 8-21   中蒙俄跨境地区过火面积和火点个数月际变化特征

除 3 月外,中蒙俄跨境地区野火火点个数与野火面积在月尺度上的分布基本一致。3 月火点个数为 0. 29 万个,仅占全年总火点数的 7. 95%,而该月平均过火面积最高,可占全年总过火面积的 25. 12%。4 月和 5 月是火点个数分布较多的月份,总平均火点个数为 2. 06 万个,占全年总火点数的一半以上,为 55. 95%。其中,5 月平均火点个数最多,为 1. 12 万个,占总火点数的 30. 55%,4 月次之,平均火点个数为 0. 94 万个。同野火面积一样,10 月也是野火火点个数的另一个波峰时段,其平均火点个数为 0. 17 万个,可占全年总火点数的 4. 63%,每年 11 月至次年 2 月,野火火点个数最少。

(2) 野火发生的年际动态

2001 ~ 2017 年,中蒙俄跨境地区过火面积年际波动较大,整体呈下降的趋势,但并不显著(图 8-22),年均过火面积高达 2. 35 万 km²。2003 年、2008 年、2011 年、2014 年和 2015 年是野火发生最为活跃的年份,过火面积分别为 8. 68 万 km²、2. 81 万 km²、3. 07 万 km²、4. 16 万 km² 和 4. 3 万 km²。几乎每隔 2 ~ 3 年便会出现一次严重的野火。2003 年野火发生面积最大,占中蒙俄跨境地区 17 年(2001 ~ 2017 年)野火总过火面积的 32. 78%,是研究区野火发生的极端年份;其次为 2015 年和 2014 年,分别占野火总过火面积的 16. 41% 和 15. 75%,且与其他野火发生高峰年的过火面积相差不大。2001 年的过火面积最小,仅为 0. 41 万 km²。

2001 ~ 2017 年中蒙俄跨境地区总火点个数为 62. 56 万个,年均火点个数为 3. 68 万个。中蒙俄跨境地区火点个数与过火面积的年际变化情况基本一致。2003 年、2008 年和 2015 年野火总火点个数约占 2001 ~ 2017 年研究区总火点个数的 49. 38%。其中,2003 年总火点个数为 17. 37 万个,占总火点数的 27. 77%,为野火火点个数最多的年份。2015 年和 2018 年次之,分别为 7. 62 万个和 5. 9 万个。火点最少的年份为 2001 年,

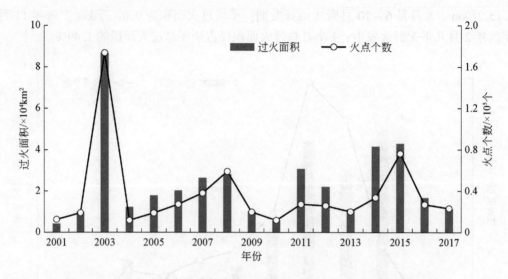

图 8-22　2001~2017 年中蒙俄跨境地区过火面积与火点个数年际变化动态

可检测到的火点有 0.42 万个,仅占总火点个数的 0.67%。整体来看,2001~2017 年中蒙俄跨境地区野火火点个数同过火面积一致,呈现出一种下降趋势,但同样也并不显著。

8.4.5 行政区上野火分布的年际动态

(1) 不同区域野火过火面积年际动态

图 8-23 显示了中国内蒙古、蒙古国中东部以及俄罗斯远东地区 2001~2017 年过火面积年际变化特征。在各年份中,野火主要发生在蒙古国中东部和俄罗斯远东地区,中国内蒙古野火过火面积很小。2003 年、2014 年和 2015 年是俄罗斯远东地区野火过火面积最大的三个年份,分别为 6.80 万 km²、2.99 万 km² 和 2.61 万 km²,三年总过火面积占俄罗斯总过火面积的一半以上,为 53.96%,并且这三年俄罗斯远东地区过火面积均远高于蒙古国中东部,而在 2004 年和 2012 年,俄罗斯远东地区过火面积远低于蒙古国中东部。2001 年俄罗斯远东地区野火过火面积最小,为 0.11 万 km²,仅占俄罗斯境内

图 8-23　2001~2017 年不同行政区过火面积年际变化动态

总过火面积的 0.42%。同时可以看出，蒙古国中东部野火高发年份与俄罗斯远东地区存在差异，2003 年、2007 年、2011 年、2012 年和 2015 年蒙古国中东部过火面积较大，分别为 1.31 万 km²、1.24 万 km²、1.29 万 km²、1.40 万 km² 和 1.45 万 km²。其中，2015 年过火面积最大，但与其他年份过火面积差距不大，基本持平。

（2）不同区域野火火点数量年际动态

图 8-24 表明，2001～2017 年，俄罗斯远东地区火点个数在大部分年份中均远高于蒙古国中东部和中国内蒙古自治区，并且其火点个数与过火面积的年际变化趋势基本一致。2003 年、2008 年和 2015 年是俄罗斯火点个数的波峰年，其中 2003 年可监测火点的个数最多，为 16.39 万个，占俄罗斯 17 年（2001～2017 年）总火点个数的 33.90%，其次为 2015 年和 2008 年，分别为 6.12 万个和 4.65 万个，火点个数远少于 2003 年，两年总火点数占 22.31%。蒙古国中东部野火发生和蔓延的面积在绝大部分年份与俄罗斯远东地区大体相等，并远高于中国内蒙古自治区，但其火点个数在大部分年份中要略低于中国内蒙古自治区，2015 年是蒙古国中东部火点个数最多的年份，为 0.77 万个，2008 年和 2007 年次之，分别为 0.74 万个和 0.59 万个，2010 年最低，一年的总火点个数仅为 800 个。中国内蒙古自治区火点个数与过火面积的分布恰恰与蒙古国中东部地区完全相反，每年的火点个数较多，但过火面积相比之下却要低得多。2013 年、2014 年和 2015 年是中国内蒙古自治区火点个数最多的三年且基本相等，分别为 0.71 万个、0.78 万个和 0.71 万个，2004 年火点个数最少，仅为 0.19 万个。

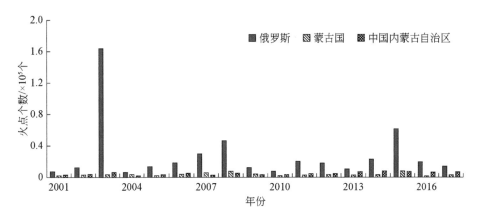

图 8-24　2001～2017 年不同行政区火点个数年际动态变化

8.4.6　土地覆盖上野火分布的年际动态

（1）土地覆盖上过火面积年际动态

图 8-25 显示了 2001～2017 年中蒙俄跨境地区野火在森林、草地、农业用地和其他用地上过火面积的年际分布特征。2001～2017 年森林火和草原火过火面积年际波动明显，而在各年份中，农业用地和其他用地上野火发生较少。2003 年、2007 年、2011 年、2012 年、2014 年和 2015 年是草原火过火面积的波峰时段。其中，2003 年草原火过火面积为 3.31 万 km²，为草原火过火面积最大的一年，2015 年和 2014 年次之，分别为 2.52 万 km² 和 1.87 万 km²。2001 年草原火过火面积最小，为 0.31 万 km²。绝大多数年

份，草原火过火面积均高于森林火，或与森林火基本持平，仅 2003 年森林火过火面积远高于草原火。2003 年、2008 年、2011 年、2014 年和 2015 年是森林火过火面积的波峰时段，与草原火过火面积的波峰时段存在较小差异。其中，2003 年森林火过火面积最大，为 5.17 万 km^2，远高于其余年份，可占研究区总过火面积的 32.95%；其次为 2014 年和 2015 年，分别为 2.08 万 km^2 和 1.64 万 km^2；和草原火一致，森林火过火面积最小年份是 2001 年，为 0.07 万 km^2。

图 8-25　不同土地利用类型上过火面积年际动态变化

（2）土地覆盖上火点个数年际动态

图 8-26 表明，2001 ~ 2017 年，草地和森林的火点个数在大部分年份基本相等，2003 年、2008 年、2015 年是森林火火点个数最集中的三年。其中，2003 年是森林火火点个数最多的年份，为 14.32 万个；2015 年和 2008 年次之，分别为 4.96 万个和 4.06 万个，并且在这三年森林火火点个数均远高于草地火火点个数；2001 年为林地火火点个数最少的一年，为 0.41 万个。草原火火点最集中的时期与森林火大致一样，2003 年同样为草原火火点最多的一年，为 2.80 万个；其次为 2015 年和 2007 年，分别为 2.25

图 8-26　不同土地利用类型上火点个数年际动态变化

万个和 1.61 万个。森林火火点个数最少的年份为 2010 年，可监测到的火点个数近 0.57 万个。农业用地和其他用地火点个数在各个年份都较少，其中 2015 年是农业用地火点个数最多的一年，为 0.34 万个，其他用地火点个数最多的年份为 2008 年，仅有 0.1 万个。

8.5　中蒙俄国际经济走廊雪灾害风险

8.5.1　数据源

本研究采用的积雪面积产品为 2001～2020 年 MOD12A2 数据，该数据集来源于 NASA 网站（https://earthdata.nasa.gov），其空间分辨率为 500m，时间分辨率为 8 天，投影方式为等面积正弦投影，每 8 天的积雪数据由每日数据合成，每年包括 46 个数据合成时段，覆盖中蒙俄国际经济走廊的 MODIS 遥感卫星轨道号为 h18v02、h19v02、h20v02、h21v02、h22v02、h23v02、h24v02、h22v03、h23v03、h24v03、h25v03、h26v03、h23v04、h24v04、h25v04、h26v04。

8.5.2　研究方法

本研究月积雪面积提取时，采用了最大合成法，反映了 1 个月内积雪面积的最大覆盖范围。把每期的 MOD10A2 产品数据进行重分类，将积雪像元赋值为 1，无积雪以及其他像元赋值为 0。每个月的 3 期或 4 期的积雪产品进行叠加合成，形成中蒙俄国际经济走廊月积雪分布图。当一个像素在每月的 3 期或 4 期影像中都无雪时，则将其标记为出现频率最多，且除云以外的某种地物。如果该像素在每个月的 4 期影像当中有 1 期或 1 期以上被积雪覆盖时，则标记为有雪。

提取中蒙俄国际经济走廊长时间积雪覆盖区域时，采用近 20 年的内蒙古自治区 230 个月积雪覆盖影像，将每个月的积雪覆盖影像的各像元有积雪赋给 1 值、无雪赋给 0 值，并对 230 个月的各像元的值进行加和平均得到近 19 年中蒙俄国际经济走廊长时间积雪覆盖区域图。图例接近 1 的表示积雪覆盖时间比较长，长时间积雪覆盖区域定义为近 19 年各像元平均值大于 0.8，也就是在近 230 个月当中 184 个月以上都是积雪覆盖的像元（图例的 0.8 以上区域）。同时为清楚看到各月份近 20 年研究区长时间积雪覆盖区域图，将 20 年的各月份单独进行加和并取平均得到近 20 年中蒙俄国际经济走廊各月份长时间积雪覆盖图。

8.5.3　主要结果

8.5.3.1　积雪面积时间动态变化

中蒙俄国际经济走廊积雪面积最大的时间段主要为一年中的第 1～第 97 天，以及第 329～第 361 天（图 8-27）。

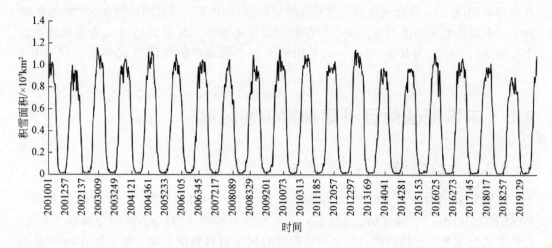

图8-27　中蒙俄国际经济走廊每8天积雪面积动态变化

8.5.3.2　积雪面积月际变化情况

图8-28和图8-29表明，2001～2020年中蒙俄国际经济走廊多年平均积雪面积最大的月份为1月，积雪面积可达$5.83 \times 10^6 km^2$，12月次之，为$5.75 \times 10^6 km^2$，其中5～9月积雪范围很小，5个月总积雪面积为$2.26 \times 10^6 km^2$。

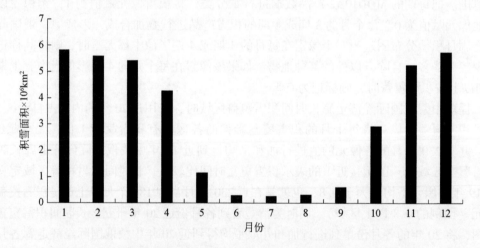

图8-28　中蒙俄国际经济走廊2001～2020年多年平均积雪面积月际变化

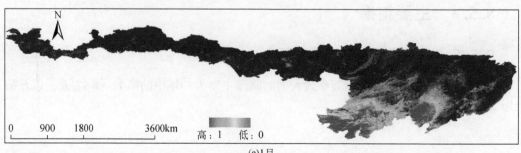

(a)1月

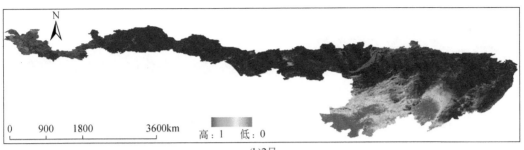

(b)2月

(c)3月

(d)4月

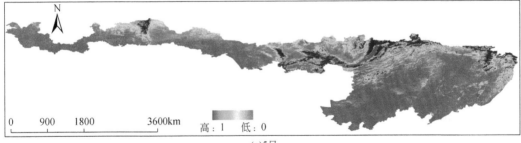

(e)5月

(f)6月

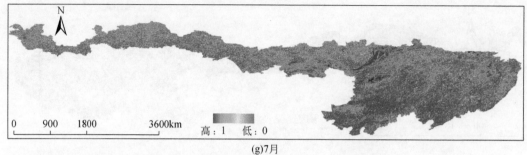

(g)7月

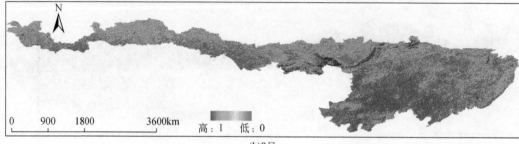

(h)8月

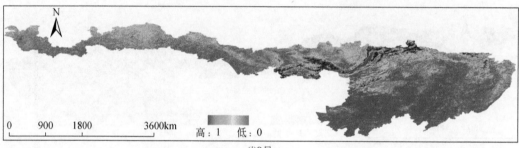

(i)9月

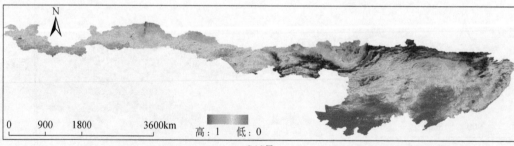

(j)10月

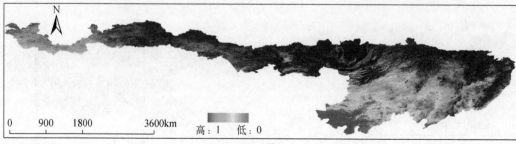

(k)11月

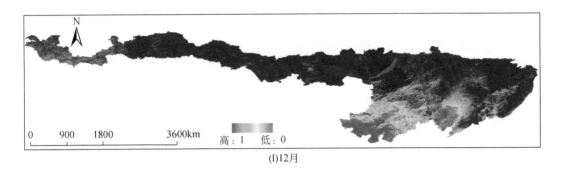

(l)12月

图 8-29 考察区月尺度雪覆盖空间格局

8.5.3.3 不同行政区划上积雪面积月际变化情况

俄罗斯境内的积雪面积在各月份中均远高于中国境内以及蒙古国境内，同时夏季积雪主要存在于俄罗斯地区，蒙古国和我国境内夏季几乎无积雪存在。1 月、2 月、11 月和 12 月均为各个国家积雪面积最大的时间段（图 8-30）。

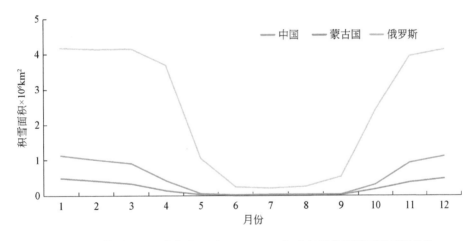

图 8-30 中蒙俄国际经济走廊三国 2001～2020 年多年平均积雪面积月际变化

8.5.3.4 中蒙俄国际经济走廊积雪覆盖指数

中蒙俄国际经济走廊积雪覆盖时间最长的区域主要位于俄罗斯的远东地区（图 8-31），可以清晰看出，近 20 年其积雪覆盖可达 184 个月以上。我国和蒙古国西北部，积雪覆盖时长较短，该区域积雪时长均在 100 个月以内。积雪覆盖时长在 120 个月和 184 个月的区域为研究区的主要部分，其中俄罗斯境内除极少地区积雪覆盖时长低于 120 个月外，其他剩余部分积雪覆盖时长均在 120 个月以上。

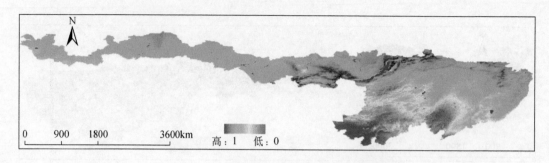

图 8-31　考察区近 20 年积雪覆盖时间指数

参 考 文 献

布仁高娃. 2011. 蒙古国荒漠化现状、成因及草地畜牧业前景研究. 呼和浩特：内蒙古大学硕士学位论文.

陈洁. 2007. 典型国家的草地生态系统管理经验. 世界农业, (5)：48-51.

丁勇, 侯向阳, Ubugunov L, 等. 2012. 温带草原区气候变化及其对植被影响的研究进展. 中国农学通报, 28 (17)：310-316.

董锁成, Boldanov Tamir, 厉静文, 等. 2021. 中蒙俄经济走廊生态经济区划研究. 地理研究, 40 (11)：2949-2966.

高卫东. 2008. 新疆土壤元素含量特征及其对沙尘气溶胶贡献分析. 干旱区资源与环境, 2 (8)：155-158.

龚强, 汪宏宇, 王盘兴. 2006. 东北夏季降水的气候及异常特征分析. 气象科技, (4)：387-393.

郭志梅, 缪启龙, 李雄. 2005. 中国北方地区近50年来气温变化特征的研究. 地理科学, (4)：66-72.

胡孝东. 2012. 浅析蒙古国草地畜牧业经济发展现状. 消费导刊, (5)：34-38.

胡自治. 1999. 亚洲的草地资源及其评价. 国外畜牧学–草原与牧草, (4)：1-6.

焦悦, 杨久春, 李广帅, 等. 2022. 中蒙俄经济走廊地区年平均气温 1-km 栅格数据集（1982-2018）. 全球变化数据学报（中英文）, 6 (2)：225-233, 397-405.

兰玉坤. 2007. 内蒙古地区近50年气候变化特征研究. 北京：中国农业科学院硕士学位论文.

李广帅, 于灵雪, 刘廷祥, 等. 2022. 中蒙俄经济走廊地区年降水量时空数据集（1982-2018, 1-km/y）. 全球变化数据学报（中英文）, 6 (3)：425-432, 602-609.

李丽, 刘诗奇, 王平, 等. 2021. 基于负载指数的中蒙俄经济走廊水资源开发潜力评价. 干旱区研究, 38 (4)：910-918.

李一凡, 王卷乐, 祝俊详. 2016. 基于地理分区的蒙古国景观格局分析. 干旱区地理, 39 (4)：281-827.

刘美玲, 宝音陶格涛, 杨持, 等. 2007. 添加氮磷钾元素对典型草原区割草地植物群落组成及草地质量的影响. 干旱区资源与环境, (11)：131-135.

刘振伟, 陈少辉. 2020. "一带一路"沿线国家水资源及开发利用. 干旱区研究, 37 (4)：809-818.

柳本立, 彭婉月, 刘树林, 等. 2022. 2021年3月中旬东亚中部沙尘天气地面起尘量及源区贡献率估算. 中国沙漠, 42 (1)：79-86.

娜仁. 2008. 蒙古国草地畜牧业发展问题研究. 呼和浩特：内蒙古大学硕士学位论文.

乜国妍, 秦宁生, 汪青春, 等. 2007. 青海高原地区近250a来年平均气温变化及突变分析. 干旱气象, (2)：55-60.

任继周. 1999. 系统耦合在大农业中的战略意义. 科学, (6)：12-14.

任继周, 朱兴运. 1995. 中国河西走廊草地农业的基本格局和它的系统相悖：草原退化的机理初探. 草业学报, 4 (1)：69-79.

任继周, 胥刚, 李向林, 等. 2016. 中国草业科学的发展轨迹与展望. 科学通报, 61 (2)：178-192.

苏和, 刘桂香, 何涛. 2005. 草原开垦及其危害. 中国草地, (6)：63-65.

孙葭, 章新平, 黄一民. 2015. 不同再分析降水数据在洞庭湖流域的精度评估. 长江流域资源与环境, 24 (11): 1850-1859.

唐海萍, 陈姣, 房飞. 2014. 世界各国草地资源管理体制及其对我国的启示. 国土资源情报, (10): 9-17.

王冠, 王平, 王田野, 等. 2018. 1900年以来贝加尔湖水位变化及其原因分析. 资源科学, 40 (11): 2177-2185.

王海军, 张勃, 赵传燕, 等. 2009. 中国北方近57年气温时空变化特征. 地理科学进展, 28 (4): 643-650.

王明君. 2008. 不同放牧强度对羊草草甸草原生态系统健康的影响研究. 呼和浩特: 内蒙古农业大学博士学位论文.

王平, 王田野, 王冠, 等. 2018. 西伯利亚淡水资源格局与合作开发潜力分析. 资源科学, 40 (11): 2186-2194.

王万里. 2012. 蒙古气候变化点滴及尺度理论启示. 第29届中国竞赛学会年会, 1-5.

王永明, 王忠武, 韩国栋, 等. 2007. 典型草原不同放牧强度凋落物的持水能力. 干旱区资源与环境, (9): 155-159.

王玉辉, 周广胜, 蒋延玲. 2001. 兴安落叶松林生产力模拟及其生态效益评估. 应用生态学报, (5): 648-652.

王遵娅. 2004. 近50年中国气候变化的特征与中国夏季降水的气候学. 南京: 南京气象学院硕士学位论文.

吴精华. 1995. 中国草原退化的分析及其防治对策. 生态经济, (5): 1-6.

吴绍洪, 刘路路, 刘燕华, 等. 2018. "一带一路" 陆域地理格局与环境变化风险. 地理学报, 73 (7): 1214-1225.

杨殿林. 2005. 呼伦贝尔草原群落植物多样性与生产力关系的研究. 呼和浩特: 内蒙古农业大学博士学位论文.

杨艳昭, 封志明, 孙通, 等. 2019. "一带一路" 沿线国家水资源禀赋及开发利用分析. 自然资源学报, 34 (6): 1146-1156.

尹林克. 1997. 中国温带荒漠区的植物多样性及其易地保护. 生物多样性, (1): 40-48.

尤莉, 沈建国, 裴浩. 2002. 内蒙古近50年气候变化及未来10~20年趋势展望. 内蒙古气象, (4): 14-18.

于敏, 程明虎, 刘辉. 2011. 地表温度-归一化植被指数特征空间干旱监测方法的改进及应用研究. 气象学报, 69 (5): 922-931.

占布拉, 卫智军, 黄伟华, 等. 2010. 科尔沁草原不同类型沙地土壤养分研究. 干旱区资源与环境, 24 (11): 135-138, DOI: 10.13448/j.cnki.jalre.2010.11.025.

张新时. 2007. 中华人民共和国植被图. 北京: 地质出版社.

庄国顺, 郭敬华, 袁蕙, 等. 2001. 2000年我国沙尘暴的组成、来源、粒径分布及其对全球环境的影响. 科学通报, 46 (3): 191-197.

左洪超, 吕世华, 胡隐樵. 2004. 中国近50年气温及降水量的变化趋势分析. 高原气象, (2): 238-244.

Bamler R. 1999. The SRTM Mission-a world-wide 30 m resolution DEM from SAR interferometry in 11 days. Photogrammetric Week, (1999): 145-154.

Batima P, Natsagdorj L, Gombuudev P, et al. 2005. Observed climate change in Mongolia. AIACC working paper, 6 (12), http://www.aiaccproject.org[2020-10-17].

Batjargal Z, Enkhbat A. 1998. Biological diversity in Mongolia (first national report). Ministry for Nature &

the Environment-&-UNDP Global Environment Facility, UB, Mongolia.

Bedritskii A I, Korshunov A A, Shaimardanov M Z. 2009. The bases of data on hazardous hydrometeorological phenomena in Russia and results of statistical analysis. Russian Meteorology and Hydrology, 34 (11): 703-708.

Bolortsetseg B. 2002. Impact of recent past climate change on rangeland productivity in Mongolia: Potential impacts of climate change, vulnerability and Adaptation assessment for grassland ecosystem and livestock sector in Mongolia project. AIACC, Ulaanbaatar: unpublished material.

Cao X M, Feng Y M, Wang J L. 2017. Remote sensing monitoring the spatio-temporal changes of aridification in the Mongolian Plateau based on the general Ts-NDVI space, 1981-2012. Journal of Earth System Science, 126: 58.

Cao X M, Feng Y M, Shi Z J. 2020. Spatio-temporal Variations in drought with remote sensing from the Mongolian Plateau during 1982-2018. Chinese Geographical Science, 30 (6): 1081-1094.

Carlson T. 2007. An overview of the "Triangle Method" for estimating surface evapotranspiration and soil moisture from satellite imagery. Sensors, 7 (8): 1612-1629.

Danielson J, Gesch D B. 2011. Global multi-resolution terrain elevation data 2010 (GMTED2010). U. S. Geological Survey Open-File Report, 2011-1073.

David S. 1998. State policy and pasture degradation in Inner Asia. Science, 281 (5380): 1147-1148.

Duce R A, Unni C K, Ray B J, et al. 1980. Long range atmospheric transport of soil dust from Asia to the tropical North Pacific: Temporal variability. Science, 209: 1522-1524.

Fang M, Zheng M, Wang F, et al. 1999. The long-range transport of aerosols from northern China to Hong Kong—A multi-technique study. Atmospheric Environment, 33 (11): 1803-1817.

Frey C M, Kuenzer C, Dech S. 2012. Quantitative comparison of the operational NOAA-AVHRR LST product of DLR and the MODIS LST product V005. International Journal of Remote Sensing, 33 (22): 7165-7183.

Gibbs H K, Salmon J M. 2015. Mapping the world's degraded lands. Applied Geography, 57: 12-21.

Goetz S J. 1997. Multi-sensor analysis of NDVI, surface temperature and biophysical variables at a mixed grassland site. International Journal of Remote Sensing, 18 (1): 71-94.

Gruza G V, Ran'kova E Y. 2003. Climate oscillations and changes over Russia. Izvestiya, Russian Academy of Sciences, Atmospheric and Ocean Physics (English Translation), 39.

Guan C, Yu L X, Yan F Q, et al. 2020. Teleconnections between snow cover change over siberia and crop growth in northeast China. Sustainability, 12 (18): 7632.

Holben B. 1986. Characteristics of maximum-value composite images from temporal AVHRR data. International Journal of Remote Sensing, (7): 1417-1434.

Ippolitov I I, Kabanov M V, Komarov A I, et al. 2004. Patterns of modern natural-climatic changes in Siberia: Observed changes of annual temperature and pressure. Geography and Natural Resouras, 3: 90-96.

Ivanov A, Sidorova M. 2020. Hydrological Characteristics of the East European Plain. Journal of Hydrology and Water Resources, 28 (2): 123-134.

Izrael Y A, Gruza G V, Kattsov V M, et al. 2001. Global climate changes. The role of anthropogenic impacts. Russian Meteorology and Hydrology, (5): 1-12.

Kabanov D M, Makienko E V, Rakhimov R F, et al. 2000. Typical and anomaly spectral behavior of aerosol optical thickness of the atmosphere in western siberia. In Tenth ARM Science Team Meeting Proceedings, 3: 13-17.

Kim B G, Park S U. 2001. Transport and evolution of a Winter-time yellows and observed in Korea. Atmospheric Environment, 35 (18): 3191-3201.

Kuznetsova A, Ivanov Y. 2022. Seasonal variability of water resources in the Central Siberian Plain. Russian Journal of Geography, 68 (2): 150-160.

Lin T H. 2001. Long-range transport of yellow sand to Taiwan in Spring 2000: Observed evidence and simulation. Atmospheric Environment, 35 (34): 5873-5882.

Liu T X, Yu L X, Bu K, et al. 2018. Seasonal local temperature responses to paddy field expansion from rain-fed farmland in the cold and humid Sanjiang Plain of China. Remote Sensing, 10 (12): 2009.

Liu T X, Yu L X, Zhang S W. 2019. Impacts of wetland reclamation and paddy field expansion on observed local temperature trends in the Sanjiang Plain of China. Journal of Geophysical Research: Earth Surface, 124 (2): 414-426.

Mao D H, Wang Z M, Wu J G, et al. 2018a. China's wetlands loss to urban expansion. Land Degradation & Development, 29 (8): 2644-2657.

Mao D H, Luo L, Wang Z M, et al. 2018b. Conversions between natural wetlands and farmland in China: A multiscale geospatial analysis. Science of the Total Environment, 634: 550-560.

Merrill J T, Uematsu M, Bleck R. 1989. Meteorological analysis of long-range transport of mineral aerosol over the North Pacific. Journal of Geophysical Research, 94: 8584-8598.

Nilsson S, Shvidenko A, Stolbovoi V, et al. 2000. Full carbon account for Russia. IIASA Interim Report, IR-00-021.

Prospero J M, Uematsu Savoie D L. 1989. Mineral aerosol transport to the Pacific Ocean//Riley J P, Clester R, Duee R A. Chemical Oceanography San Diego. London: Academic Press.

Sidorova T. 2021. Hydrological Characteristics of the Western Siberian Plain. Siberian Journal of Hydrology, 44 (3): 203-214.

Sneath D. 1998. State policy and pasture degradation in Inner Asia. Science, 281 (5380): 1147-1148.

Song K S, Wang Z M, Du J, et al. 2014. Wetland degradation: Its driving forces and environmental impacts in the Sanjiang Plain, China. Environmental Management, 54 (2): 255-271.

Wang S H, Zhao Y W, Yin X A, et al. 2010. Land use and landscape pattern changes in Nenjiang River basin during 1988-2002. Frontiers of Earth Science in China, 4 (1): 33-41.

Wang Z M, Zhang B, Zhang S Q, et al. 2006. Changes of land use and of ecosystem service values in Sanjiang Plain, northeast China. Environmental Monitoring and Assessment, 112 (1-3): 69-91.

Xuan J, Liu G L, Du K. 2000. Dust emission inventory in northern China. Atmospheric Environment, 34 (26): 4565-4570.

Yan F Q, Yu L X, Yang C B, et al. 2018. Paddy field expansion and aggregation since the mid-1950s in a cold region and its possible causes. Remote Sensing, 10 (3): 384.

Ye B Y, Huang F, Zhang S W, et al. 2001. The driving forces of land use/cover change in the upstream area of the Nenjiang River. Chinese Geographical Science, 11 (4): 377-381.

Yondon O, Galtbalt B. 2012. Ministry of environment and green development of Mongolia. Mongolia: Integrated Water Resource Man-agement National Assessment Report, Ulanbaatar Province.

Yu H Y, Luedeling E, Xu J C. 2010. Winter and spring warming result in delayed spring phenology on the Tibetan Plateau. Proceedings of the National Academy of Sciences of the United States of America, 107 (51): 22151-22156.

Yu L X, Liu T X, Cai H Y, et al. 2014. Estimating land surface radiation balance using MODIS in northeastern China. Journal of Applied Remote Sensing, 8 (1): 083523.

Yu L X, Zhang S W, Tang J M, et al. 2015. The effect of deforestation on the regional temperature in Northeastern China. Theoretical and Applied Climatology, 120 (3-4): 761-771.

Yu L X, Liu T X, Bu K, et al. 2017a. Monitoring the long term vegetation phenology change in Northeast China from 1982 to 2015. Scientific Reports, 7 (1-4): 14770.

Yu L X, Liu T X, Bu K, et al. 2017b. Monitoring forest disturbance in lesser Khingan Mountains using MODIS and Landsat TM time series from 2000 to 2011. Journal of the Indian Society of Remote Sensing, 45 (5): 837-845.

Yu L X, Liu T X, Zhang S W. 2017c. Temporal and spatial changes in snow cover and the corresponding radiative forcing analysis in Siberia from the 1970s to the 2010s. Advances in Meteorology, 2017: 1-11.

Yu L X, Yan Z R, Zhang S W. 2020. Forest phenology shifts in response to climate change over China-Mongolia-Russia International Economic Corridor. Forests, 11 (7): 757.

Yu L X, Liu Y, Yang J C, et al. 2022. Asymmetric daytime and nighttime surface temperature feedback induced by crop greening across northeast China. Agricultural and Forest Meteorology, 325: 109136.

Zhang K, Gao H W. 2007. The characteristics of Asian-dust storms during 2000-2002: From the source to the sea. Atmospheric Environment, 41: 9136-9145.

Zhang X Y, Arimoto R, An Z S. 1997. Dust emission from Chinese desert sources linked to variations in at-mospheric circulation. Journal of Geophysical Research: Atmospheres, 102 (D23): 28041-28047.

Zhang X Y, Gong S L, Zhao T L, et al. 2003. Sources of Asian dust and role of climate change versus desertification in Asian dust emission. Geophysical Research Letter, 30 (24): 2272.

Zhu H, Jiang Z, Li L. 2021. Projection of climate extremes in China, an incremental exercise from CMIP5 to CMIP6. Science Bulletin, 66 (24): 2528-37.

Росгидромет. 2016. Водный Кадастр Российской Федерации. Ресурсы Поверхностных И Подземных Вод, Их Использование И Качество. Ежегодное Издание, 2016 Год. СПб: ООО "Эс Пэ Ха".

附录　中蒙俄国际经济走廊土地利用／覆被照片（俄罗斯部分）

滨海边疆区

(a)针阔混交林-1

(b)落叶阔叶林

(c)草地和沼泽-1

(d)针阔混交林-2

(e)草地和沼泽-2

(f)草地和沼泽-3

(g)旱地和沼泽

(h)草地-1

(i)草地-2

(j)沼泽

(k)草地-3

(l)草地-4

(m)草地-5

(n)旱地-1

(o)旱地-2

(p)旱地-3

(q)城镇用地

(r)旱地-4

哈巴罗夫斯克边疆区

(a)落叶阔叶林

(b)落叶阔叶林和旱地

(c)草地-1

(d)草地-2

(e)灌丛和草地-1

(f)草地-3

(g)沼泽和草地

(h)灌丛和草地-2

(i)草地-4

(j)旱地-1

(k)旱地-2

(l)城镇用地

阿穆尔州

(a)落叶阔叶林-1

(b)落叶阔叶林-2

(c)落叶阔叶林-3

(d)落叶阔叶林-4

(e)沼泽

(f)旱地

(g)草地

(h)灌丛和草地

(i)农庄用地-1

(j)农庄用地和草地

(k)工矿用地

(l)农庄用地-2

外贝加尔边疆区

(a)落叶阔叶林-1

(b)落叶阔叶林-2

(c)针阔混交林和草地

(d)草地

(e)灌丛和草地

(f)旱地-1

(g)旱地和草地

(h)旱地-2

(i)农庄用地-1

(j)农庄用地-2

(k)工矿用地-1

(l)工矿用地-2

布里亚特共和国

(a)针叶林-1

(b)针叶林-2

(c)针叶林-3

(d)针叶林-4

(e)针阔混交林

(f)落叶阔叶林

(g)灌丛和草地-1

(h)灌丛和草地-2

(i)林地和草地-1

(j)林地和草地-2

(k)灌丛和旱地-1

(l)林地和旱地-1

(m)林地和草地-3

(n)林地和草地-4

(o)草地-1

(p)草地-2

(q)旱地-1

(r)旱地-2

(s)林地和旱地-2

(t)林地和旱地-3

(u)旱地-3

(v)旱地-4

(w)农庄用地-1

(x)农庄用地-2

伊尔库茨克州

(a)针阔混交林-1

(b)落叶阔叶林-1

(c)落叶阔叶林-2

(d)针阔混交林-2

(e)草地-1

(f)草地-2

(g)旱地-1

(h)旱地-2

(i)农庄用地-1

(j)农庄用地-2

图瓦共和国

(a)落叶阔叶林

(b)林地和草地-1

(c)草地-1

(d)草地-2

228

(e)林地和草地-2

(f)草地-3

阿尔泰共和国

(a)针叶林-1

(b)针叶林-2

(c)针叶林-3

(d)针叶林-4

(e)针叶林-5

(f)针阔混交林-1

(g)针阔混交林-2

(h)针阔混交林-3

(i)林地和草地-1

(j)林地和草地-2

(k)裸岩、林地和草地

(l)草地-1

(m)林地和草地-3

(n)灌丛和草地

(o)林地和草地-4

(p)草地-2

(q)湖泊

(r)农庄用地

新西伯利亚州

(a)针叶林

(b)草地-1

(c)草地-2

(d)河流

(e)旱地-1

(f)旱地-2

(g)林地和旱地

(h)旱地-3

(i)旱地-4

(j)旱地-5

(k)旱地-6

(l)旱地-7

莫斯科市

(a)林地

(b)城镇用地-1

(c)城镇用地-2

(d)城镇用地-3

(e)城镇用地-4

索　引